セラミックス材料科学

橋 本 和 明
柴 田 裕 史

三 共 出 版

はじめに

　セラミックスなどの素材・材料分野では，Business to Business（BtoB）の企業が多く，Business to Customer（BtoC）のように製品が直接消費者の目に触れることがないので地味なイメージであった。しかし，最近ではイメージアップをはかるためにテレビ・雑誌などの広告 CM などを目にすることがあり，身近な企業としての認知を広めている。また，情報科学の発達にともない素材や材料の研究開発の環境も人工知能技術を中心にして機械学習の利用やマテリアルインフォマテックスの構築で大きく変貌しつつある。さらに世界的な SDGs の取り組みによって，とくにエネルギー・資源・環境に関する課題や問題点への改善傾向に進展がみられる。モノづくりの国，日本としてこれまで以上に世界に認められる技術立国づくりが重要となっている。

　このようなモノづくりを取り巻く教育環境は大きく変貌しつつある。また，昨今の理科系教育重視のなかで，高等学校での理科教育，大学での材料科学教育も変化している。そのような時代の変革の中で，セラミックス材料を学ぼうとしている理系の学生のための入門書として既に著している「E-コンシャスセラミックス材料」をベースにして理解しなければならない内容を厳選し，これから必要とされる新しい知識や概念なども取り入れて著している。

　本書は，セラミックス材料　1章ではセラミックスの歴史と身の周りのセラミックスを取り上げた。2章では固体化学の基礎として化学結合，相律と状態図について説明した。3章ではセラミックスの特徴としてトラディショナルセラミックスとファインセラミックスの一般的な物性について説明している。4章ではセラミックスの構造としてセラミックスの結晶構造と物質移動について説明した。5章ではセラミックスの製造として多結晶セラミックス，単結晶セラミックスと薄膜セラミックスの製造プロセスを説明した。6章では汎用および高性能セラミックス材料について説明した。7章では生命科学とセラミックス材料について説明した。8章ではエネルギー・環境・資源とセラミックス材料を新たな章を設けて説明した。9章にはセラミックスの評価法をとりあげ，おもに使用する分析機器などの原理や解析方法などを簡単にまとめて説明した。こうすることによって新たにセラミックス材料を研究・開発する人にも使ってもらえるように配慮した。

　最後に本書の出版にあたり，ご尽力下さった三共出版の秀島　功氏に深謝いたします。

2023 年 2 月 3 日

橋本和明

目　　次

1 身の周りのセラミックス

三内丸山遺跡は，縄文時代前期～中期（紀元前約3,900～2,200年），北海道・北東北の縄文遺跡群として大規模な集落跡である。竪穴建物跡，掘立柱建物跡，盛土，墓などのほか，多量の土器や石器，木製品，骨角製品などが出土した。写真の土器のように三内丸山土器には上部の模様に特徴がある。

三内丸山土器

1.1　人類の歴史とセラミックス材料

　人類の歴史で，「道具」と「火」の使用が他の動物との進化・繁栄に大きな影響があったと認識することができる。すなわち，人類は，まず狩りを目的に利用できる道具を加工した。それを加工するものとして石器や骨角器をつくり出したといわれている。また，火を扱う道具として，土器や窯がつくられ，これらがセラミックスの原型といわれている（表1-1）。

表 1-1　人類の進化と道具材料の進歩

年代（年前）	考古年代	文化	道具材料
300 万年	旧石器時代	採取狩猟	礫石器
50 万年			剝片石器
4 万年			骨角器
9 千年	新石器時代	農耕牧畜	磨製石器・土器
5 千 5 百年	青銅器時代	灌漑農業・手工業	青銅器
3 千 5 百年	鉄器時代		鉄器

　わが国における土器の歴史は，縄文時代（1 万 6000 年～2500 年前）にさかのぼる。「縄文式土器」は土器の表面に縄を転がしたような紋様があるのが特徴である。その後，農耕が中心となった弥生時代（2 千数百年～1700 年前）には「弥生式土器」が登場した。弥生式土器は，粘土を器の形に成形し，その周りに薪をならべて積み，600～800℃の温度で焼くという野焼きという方法でつくられていた。

　このような土器は焼く火の温度が高くなるにともなって器の耐火性も高くなり，それによって吸水性がないものへと変化していった。一方で火の温度が高くなるにともない道具としての青銅（銅とスズの合金）器は鉄器へと変化した。このように鉄がつくられるようになると鍛冶による刀などの争いごとの武器としての性能も向上した。金属材料の発展には，容器や窯の技術の発展が不可欠であり，セラミックス技術の向上が人類の発展に寄与したといっても過言ではない。

　その後，粘土をロクロのうえで回しながら器の形を整えたり，1000℃以上の高い温度で長時間をかけて焼くことのできる穴窯の技術が大陸から伝承された。この技術で作られたのが陶磁器の原型の「須恵器（すえき）」である。ロクロや穴窯の技術が伝わったことで，わが国のセラミックスの焼きものは大きく発達した。形が良く硬い器がたくさん作られるようになった。また，この穴窯は，後に一度に多くの器が焼ける登り窯へと発展していくことになる。

　奈良時代（1300 年前）になると，ガラス質の粉末を原料とした「釉

薬（うわぐすり）」が使われた。素焼きした器に釉薬を塗って焼くと，明るくやわらかい色彩で焼きあがるとともに，水もれを防ぐこともできる。この技術で製造されるようになったのが「陶器」である。

　また，安土桃山時代（400年前）には，中国や朝鮮半島から「磁器」の製造技術が伝わった。これは粘土質鉱物に長石や陶石を混ぜて焼いた緻密な器である。

　さらに江戸時代になると，全国の各藩において陶工達を保護して御用窯が広まった。その中での中心地は瀬戸，美濃，京都，有田である。とくに有田磁器が有名で，伊万里，鍋島などがあり，また加賀の九谷など日本独自の美しい色絵磁器も生まれた。日本の陶磁器が多彩になり，技術的に確立した時期といえる。また，これまでの穴窯に代わって，大量生産には合理的な「連房式登り窯」が採用され，より一層，陶磁器の製造に拍車がかかった。

　現在，ヨーロッパではドイツのマイセンなどの陶磁器が有名であるが，これは江戸時代の有田を中心に東インド会社を経てヨーロッパに輸出されたものが，洋食器として取り入れられて発達したものである。

1.2　セラミックスの定義

　セラミックスは，「人為的につくられた非金属 無機質 固体 材料」と定義されている。これは人の手によって人工的に製造された有機および金属固体材料を含まない無機質固体材料を指している。もともとは粘土などで天然の鉱物原料を焼き固めた土器や陶器などを意味したが，その後，溶融工程を経て得たガラスや水との水和反応を起こすセメントなどを含めてセラミックスというようになった。

　近年では，陶磁器，耐火物，セメント，ガラスなどのように，天然原料のケイ酸塩鉱物を用いるものを「伝統的セラミックス」，「トラディショナルセラミックス」，天然原料を用いないで，人工的に精製された原料を使い，精密な成形・焼成・加工プロセスによって製造されたものを「先進セラミックス」，「ニューセラミックス」，「ファインセラミックス」などといい，分けて表現されている。

1.3　身の周りのセラミックス

　私達の周りには，いろいろなセラミックスがあふれている。たとえば，茶碗，洗面台やトイレの衛生陶器，コップまたは瓶や窓などのガラス製品，外壁や内壁のタイル製品，屋根がわら，建物などの構造物をつくる

　セメント・コンクリートを初めとして比較的目につくところにある。また，ダイヤモンド，ルビー，エメラルドなどの人工宝石，エアコンなどの温度・湿度センサー，風呂やコタツの温度調整センサー，ガスコンロなどの圧電着火素子，加湿器の超音波振動子，人の往来に反応する赤外線センサー，磁石などの磁性体材料，自動車にはエンジンの点火プラグや燃焼制御のための酸素や二酸化炭素などのガスセンサー，排ガス浄化用触媒等がある。さらにエネルギー変換材料として光触媒，太陽電池，燃料電池，リチウムイオン電池，大型 NaS 電池など，通信機器にはレーザー発振素子，光ファイバー，光偏向素子など，UV カット化粧品やメーキャップ用化粧品，人工骨，人工歯などの医療用機材などにもセラミックスが使われている。

　以上のように，セラミックスは，「やきもの」の技術を基礎として大きく発展してきた。生活の中でも各種のセラミックスが見られるが，建築物，橋や道路の構造物にも使われている。また，工業製品としては，高温・構造材料，電気・電子・磁性材料，機能性ガラス・光学材料，生体関連材料，環境・エネルギー関連材料など機能性材料としての発展はめざましいものがある。

表 1-2　身の周りのセラミックス製品

製品名・部品名	代表的なセラミックス	製品名・部品名	代表的なセラミックス
食器	陶磁器の食器，ガラスの食器	赤外線センサー	チタン酸ジルコン酸鉛（焦電性）
容器	ガラスビン，ガラス容器	ガスセンサー	酸化スズ
包丁・はさみ	部分安定化ジルコニア，アルミナ	ガスコンロ点火	チタン酸ジルコン酸鉛（圧電性）
化粧品	紫外線防止剤（ZnO, TiO_2），マイカ，タルク，歯磨剤	テレビ	ディスプレイ用ガラス基板，ブラウン管，偏向ヨーク（磁性体）
衛生陶器	便器，手洗い用陶器	携帯電話・情報端末機	ガラス基板，各種 IC 基板，セラミックコンデンサー，SAW フィルター
建材	ケイ酸カルシウム板，ALC パネル，セメント・コンクリート，タイル，瓦	自動車部品	ターボタービン，排ガス浄化触媒，酸素センサー（ZrO_2），各種 LED
ガラス建材	大型板ガラス，ガラスウォール	電気コタツ・セラミックヒーター	PTC サーミスタ
人工宝石	エメラルド，サファイヤ，ルビー，ダイヤモンド	体温計	NTC サーミスタ
蓄電池	リチウムイオン電池，NaS 電池	洗剤	ゼオライト
燃料電池	安定化ジルコニア	人工骨	水酸アパタイト，リン酸カルシウム
太陽光発電	シリコン薄膜	スポーツ用具	ガラス繊維，炭素繊維
安全回路（バリスタ）	酸化亜鉛／酸化ビスマス	情報通信	光ファイバー
光触媒	二酸化チタン	人工宝石（再結晶宝石）	サファイア，ルビー，エメラルド，アレキサンドライト

2

固体化学の基礎

景徳鎮では明代，清代において陶磁器の生産が隆盛を極め，「清花」という白釉に青色のコバルト釉薬で染め付けた陶磁器が生産され，欧州やイスラム圏に東インド会社経由で輸出され，また宮廷にも献上された。写真は当時の窯跡である。

明清御窯廠遺跡（中国江西省景徳鎮市重要文化財）

2.1　固体における化学結合

　原子が結晶中で規則的に配列し，それがきわめて安定であるということは，これらの原子間に働く相互作用は非常に強いということになる。この相互作用を結合力という。一般に引力と反発力がつり合った平衡状態にあって，相互に安定な距離を保って位置している。固体におけるこれらの結合の仕方には，表2-1に分類するような形式があり，これらの結合形式によってその性質は大きく異なる。

表2-1　化学結合様式と特性

結晶	結合	物　性					例
		電気伝導性	熱伝導性	硬さ	融点	延性と展性	
イオン結晶	イオン結合	小	小	中	高〜低	小	CaO, MgO
原子価結晶	共有結合	きわめて小	大	大	きわめて高	小	C, SiC
金属結晶	金属結合	大	大	小	高〜低	大	Fe, Al
分子結晶	ファンデルワールスカ	小	小	小	低	大	Ar, CO_2

（1）　イオン結合

　結晶構造を形成する原子が，その外殻電子の一部を失って閉殻構造（s^2p^6）の電子を最外殻にもつ陽イオンとなり，他方の原子が相手から得た電子で閉殻構造の電子を最外殻にもつ陰イオンになり，これらの陽イオンと陰イオンとの間に静電的引力（クーロン力）が生じる（図2-1）。この際に，同種イオンどうしの反発力よりも，この静電的引力の総和が大の場合に結合が成立する。このようなイオンが構造中で，互いに一定の距離を保って配列しているのは，イオンがある距離以内に近づくと，電子雲の重なりのために急に反発力が増してくるためである。それでイオンを簡単な一定半径をもつ球とみなすことができる。イオン結合の典型的な例は，岩塩（NaCl）やフッ化カルシウム（CaF_2）などで，一般的に知られている鉱物やセラミックスの結晶の多くがイオン結合をもっている。

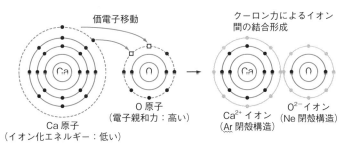

図2-1　イオン結合

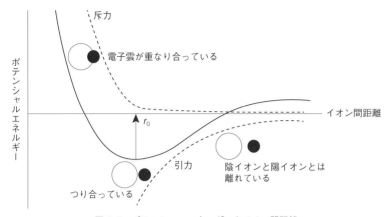

図 2-2　ポテンシャルエネルギーとイオン間距離

（2）　共有結合

　結合形式によっては原子の相互作用で，電子の一部が重なる場合もある。これは，各原子の一部の電子（不対電子）が両方に共有されて電子対をつくることで結合する。このように重なり合いのはっきりしている結合を共有結合とよぶ（図 2–3）。共有結合は周期表の 13 族から 17 族の非金属元素どうしによって形成される分子や多原子イオンに見られる。たとえば，ダイヤモンドの -C-C- 間の結合や炭化ケイ素の -Si-C- 間の結合は共有結合となる。

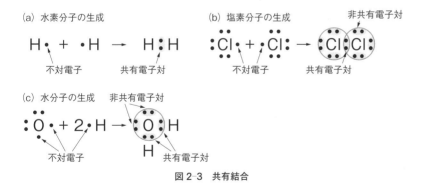

図 2-3　共有結合

　共有結合の中には混成軌道をとるものがある。図 2–4 に 1s 軌道の電子を除いた 2s と 2p 軌道の炭素の電子配置を示す。基底状態では 2s と 2p にはそれぞれ，2s 軌道は 2 個の電子で対電子をつくり，2p 軌道には $2p_x$ と $2p_y$ に 1 個ずつ不対電子をもつ。このために炭素が水素と反応して炭化水素の化合物を生成する場合には CH_2 を生成すると考えられるが，実際には CH_4 を生成する。これは 2s 軌道にある 1 つの電子が 2p 軌道に上がり，4 個の不対電子を形成するような励起状態になるためである。また，これらの 4 個の不対電子は等価な軌道となることによっ

て四面体型の CH_4 を形成することになる。このような電子配置を sp^3 混成軌道という。混成軌道には，B（ホウ素）の正三角形型の sp^2 混成軌道，Be（ベリリウム）の直線状の sp 混成軌道などがある。

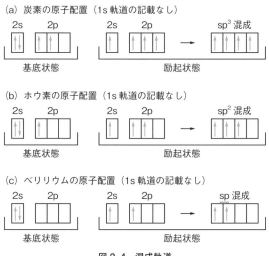

図 2-4　混成軌道

（3）　共有結合の部分的なイオン性

　完全な共有結合は 13 族から 17 族の同種の非金属原子間の結合に見られるが，異種の非金属原子間の場合には，共有結合に多少のイオン結合性が含まれる。これは A-B の共有結合において，原子 A および B に共有される電子対は，A と B の静電的中心に存在するものではなく，より非金属性の大きな原子に引っ張られている。そのため共有結合にもイオン性が含まれることになる。この共有電子の偏りは，原子 A および B の非金属性および金属性の大きさの違いによるもので，その違いが大きいほど，共有結合のイオン性も強くなり，最終的には完全に B 原子の電子に引っ張られてしまうようになる。この極端な場合をイオン結合と考えることもできる。

　このように共有結合とイオン結合が混合するのは，結合している 2 種の原子が電子を引き寄せる力に差があるためで，共有電子がどちらかの原子によって強く引き寄せられるために起こるものと考えられる。この原子を強く引き寄せる力の大きさを電気陰性度という。電気陰性度は多くの研究者によって示されているが，ここではポーリングによる電気陰性度を表 2-2 に示した。1 族から 17 族の中で右上の F 原子が電気陰性度がもっとも高く 4.0 となり，これらの電気陰性度の高い原子のグループを電気陰性元素とよんでいる。一方，これとはまったく逆の右下に行くにともない電気陰性度は徐々に小さな値となり，これらの電気陰性

表 2–2　ポーリングの電気陰性度

1	2	3	4	5	6	7	8	9	10	11	12	13	14	15	16	17	18
H 2.1																	He
Li 1.0	Be 1.5											B 2.0	C 2.5	N 3.0	O 3.5	F 4.0	Ne
Na 0.9	Mg 1.2											Al 1.5	Si 1.8	P 2.1	S 2.5	Cl 3.0	Ar
K 0.8	Ca 1.5	SC 13	Ti 1.5	V 1.6	Cr 1.6	Mn 1.5	Fe 1.8	Co 1.8	Ni 1.8	Cu 1.9	Zn 1.6	Ga 1.6	Ge 1.8	As 2.0	Se 2.4	Br 2.8	Kr
Rb 0.8	Sr 1.0	Y 1.2	Zr 1.4	Nb 1.6	Mo 1.8	Tc 1.9	Ru 2.2	Rh 2.2	Pd 2.2	Ag 1.9	Cd 1.7	In 1.7	Sn 1.8	Sb 1.9	Te 2.1	I 2.5	Xe
Cs 0.7	Ba 0.9	La 1.1	Hf 13	Ta 1.5	W 1.7	Re 1.9	Os 2.2	Ir 2.2	Pt 2.2	Au 2.4	Hg 1.9	Tl 1.8	Pb 1.8	Bi 1.9	Po 2.0	At 2.2	Rn
Fr 0.7	Ra 0.9	Ac 1.1	Th 13	Pa 1.5	U 1.7	Np 1.3											

度の低い原子のグループを電気陽性元素とよんでいる。18 族は電気中性元素となる。電気陰性度の大きなものほど非金属性が高く，電気陰性度の小さなものほど金属性が高くなる。また，2 種の原子が結合する場合，これらの電気陰性度の差が大きいものほど，部分的なイオン性が強くなる。たとえば，炭化ケイ素 SiC は $|x_{si}-x_c| = |1.8-2.5| = 0.7$ となり，図 2–5 から部分的なイオン性は約 10% となるが，二酸化ケイ素 SiO$_2$ は $|x_{si}-x_o| = |1.8-3.5| = 1.7$ となり，部分的なイオン性は約 50% となって，共有結合性とイオン結合性との割合はほぼ等しくなるという違いを示す。

（4）　金属結合

　金属結合は電気陰性度の低い電気陽性元素どうしの結合である。金属

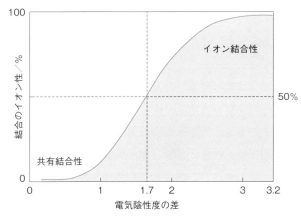

図 2–5　2 種の原子が結合する共有結合のイオン性

の単体に見られるような同種の陽性原子が配列している場合，最外殻電子は特定の原子に属さないで各原子の間に一様な密度で分布し，自由電子として構成原子全体に共有される形で結合している。すなわち，非局在化した電子によって結合が形成される。

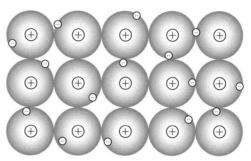

図2-6　金属結合

（5）ファンデルワールス力

各種の結合によって安定になった分子，結晶において，電荷の偏在や分子や原子の接近による電荷の偏在によって，これが互いに適当な距離をおいて相互に結合して安定化する。このような結合をファンデルワールス力または分子結合という。この結合は各種の結晶に存在するが，その力は弱いのが特徴である。

2.2　相律と状態図

（1）相平衡と相律

相律の知識と平衡状態図の読み方を知ることによって，材料をある条件下に保持したときにどのような変化を起こすかを予想することができる。

同じ物質でも温度や圧力が変化すると，それにともない固体，液体，気体と状態が変化する。この3つの状態を，物質の三態という。図2-7に物質の三態を示した。たとえば，水を例にあげると大気圧下で温度を上げるにともなって氷（固体）→水（液体）→水蒸気（気体）へと状態は変化する。この物質の三態間の状態変化は，融解，凝固，蒸発，凝縮，昇華という現象である。

ある系が熱的に平衡状態にあるとき，共存する相，成分，および状態変数（温度，圧力，組成）の間に一定の関係があることを導き，これを相律という。

$$P + F = C + 2 \tag{2-1}$$

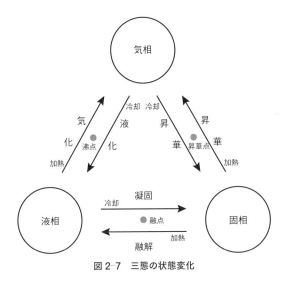

図 2-7　三態の状態変化

　ここで，P は相（phase）の数，F は自由度（degree of freedom）で相の数を変化させることなしに自由に変化させることのできる独立変数の数，そして C は独立な成分（component）の数である。相というのは，一定の化学組成をもち，物理的に均一で機械的に分離可能な，ある界面で囲まれた系の一部分をいう。また，独立な成分数は各相を示すのに必要な化学種の最少数である。たとえば，$CaCO_3$（s），CaO（s），CO_2（g）を含む系における独立成分は $CaCO_3 \rightleftarrows CaO + CO_2$ という反応式を考慮すると，3 ではなく 2 となる。

（2）　1 成分系状態図

　相を状態変数の関数として図示したものを状態図あるいは相図という。最も簡単な状態図は図 2-8 に示されるような 1 成分系状態図である。$C=1$ であるから，(2-1) 式は次のようになる。

$$F = 3 - P \qquad\qquad (2\text{-}2)$$

水の状態図（図 2-8）において，氷（A 点），液体（B 点），水蒸気（C 点）がそれぞれ単独に存在する状態（たとえば C 点）では $P=1$ であるので上式より $F=2$ となる。単一相領域内で温度と圧力を自由に変化させることができる。一方，図中の実線 ac（溶解曲線）上，実線 ab（蒸気圧曲線）上および実線 ad（昇華曲線）上では 2 相（$P=2$）が共存することから，$F=1$ となって独立変数は温度かあるいは圧力のどちらか 1 つとなる。すなわち，温度を決めれば圧力が，圧力を決めれば温度が自動的に決まる。図中の a 点においては，氷，液体，蒸気の 3 相（$P=3$）が共存し，$F=0$ となる（不変系）。この点は三重点とよばれ，温度 0.008℃，圧力 0.006 atm に固定されている。また，氷（A 点）から，減圧すると d 点以下では昇華によって水（液相）の状態を経ずに水蒸

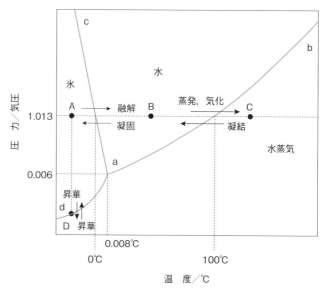

図 2–8　水の状態図（一成分系状態図）

気（気相）になることから，この現象を利用して凍結乾燥法が行われている。

（3）　2 成分系状態図

　この場合には $C=2$ であるので相律から $F=4-P$ となるが，セラミックスはほとんどの場合 1 気圧付近で取り扱われるか，または蒸気圧が小さく，気相を無視できるので圧力の変数を除外できる。このときの自由度 F は

$$P+F=\ C+1 \qquad\qquad (2\text{–}3)$$

となり，気相は相の数にかぞえない。

　2 成分系セラミックスの相律　$F=3-P$ とした場合，単一相領域（$P=1$）では自由度 $F=2$（二変系）となり，温度と組成を独立に変化させることができる。そのため，2 成分系状態図上では面として示される。また，二相共存領域（$P=2$）では自由度 $F=1$（一変系）となり，独立変数は 1 つになる。たとえば，温度を独立変数とした場合には二相の組成が自動的に決まる。逆に二相の組成が決まれば温度が決まる。さらに三相共存領域（$P=3$）では自由度 $F=0$（不変系）となり，独立変数はない。すなわち，三相が共存する温度，三相の組成はそれぞれに決まっている。

　2 成分凝縮系の状態図は，基本的には全率固溶型，共晶型，包晶型の 3 つに分類される。ここではまず，全率固溶型状態図をとりあげて説明する。全率固溶型（あるいは完全固溶型）状態図は 2 つの成分が任意の割合で原子レベルで固体中でも混ざりあう場合にみられる。また，2 つの成分の結晶構造は一般的に同型構造である。

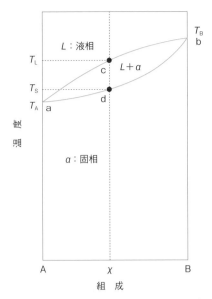

図 2-9　2 成分系状態図（全率固溶型状態図）

　図 2-9 に成分 A と B とからなる A－B 二成分系全率固溶型状態図の例を示す。縦軸に温度，横軸に組成を示している。状態図の中の線 acb を液相線とよび，線 adb を固相線とよぶ。液相線よりも高い温度のところでは，液相 L が平衡相となっている。液相線と固相線の領域では二相共存（液相 L＋固相 α）の平衡領域となっている。固相線よりも低い温度のところでは，固相 α が平衡相となっている。

　いま，組成 x をもつ融液を T_0 から平衡に近い状態でゆっくりと冷却した場合にどんな相が現れるかを図 2-9 で説明する。徐冷すると T_1 で液相線に達し，固相の α 相が析出しはじめる。この初晶の組成は，2 相共存領域内の等温線（共役線という）が固相線と交わる点の組成 X_{S1} に相当する。さらに温度が下がると α 相の割合が増加し，T_3 に至って液相はすべて消滅する。途中の T_2 で共存する L 相と α 相の組成は，共役線が液相線または固相線と交わる 2 点 X_{s2} および X_{L2} に対応する組成から求められる。T_4 では組成 x の固相 α となる。

　平衡状態図では図 2-10 に示したように液相 L と固相 α との二相共存領域がよく見られる。このような二相共存領域における 2 つの相の割合を計算する方法に，てこの法則がある。図 2-11 のように α 相と β 相とが共存している場合，仕込み組成 x としたときの，所定温度では組成 x_α の α 相と組成 x_β の β 相とに分離する。この時の α 相の量：β 相の量 ＝ $(x_\beta-x):(x-x_\alpha)$ となることが知られている。このようにてこの法則を用いて，α 相と β 相の量を求める。

　図 2-12 には共晶型状態図の例を示す。共晶反応とは，液体を冷却し

固溶体（solid solution）

　2 種類以上の元素が互いに溶け合い，全体が均一の固相となっているもの。大別して置換型固溶体と侵入型固溶体がある。
　置換型固溶体
　ある固相の原子に対して別の原子が置き換わる固溶体。原子半径の違いが 10% ぐらいまでは，成分比の全体にわたって完全に固溶するがそれ以上では固溶度は急激に減少し，15% 以上ではほとんど固溶しなくなる（ヒューム・ロザリーの法則）。
　侵入型固溶体
　原子半径の小さい元素（水素（H），炭素（C），窒素（N），ホウ素（B），酸素（O）など）が金属結晶格子の原子間の隙間に侵入する固溶体。金属結晶格子の原子間の隙間は結晶構造によって異なる。

共晶（eutectic）

　合金などが凝固するときの凝固形態，結晶組織の 1 つで，液相 L が分解して固相 α と固相 β を形成したときにできる結晶である。

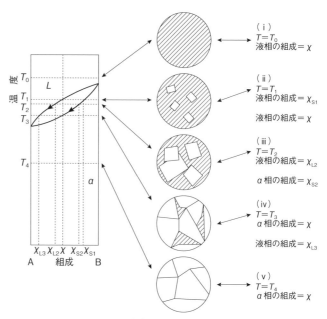

図 2-10 全率固溶型の生成物の状態

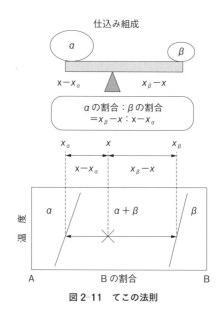

図 2-11 てこの法則

た際にいくつかの固相に分解する反応をいう。とくに共晶組成 x_E のときに共晶温度 T_E において $L \rightarrow \alpha$ 相 $+ \beta$ 相という不変反応（$P=3$, $F=0$）が起こるのが特徴である。一方，B 成分が 0% から共晶組成 x_E までの領域では，液相線以上の温度では液相 L が平衡相（$P=1$, $F=2$）となり，共晶温度 T_E と液相線との間の温度領域では α 相と液相 L の二相共存状態（$P=2$, $F=1$）となり，共晶温度 T_E 以下の温度では α 相と β 相との二相共存状態（$P=2$, $F=1$）となる。また，B 成分が共晶組成 x_E から

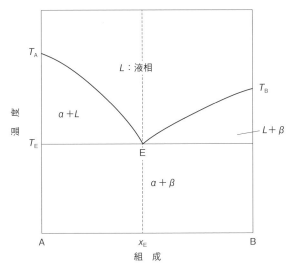

図2-12 2成分系状態図（共晶型状態図）

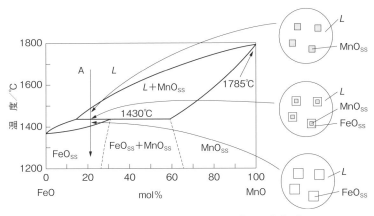

図2-13 FeO－MnO 2成分系状態図（包晶型状態図）

100％の領域では，液相線以上の温度では液相 L が平衡相となり，共晶温度 T_E と液相線との間の温度領域では β 相と液相 L の二相共存状態となり，共晶温度 T_E 以下の温度では α 相と β 相との二相共存状態となる。

　図2-13に包晶反応を含む包晶型状態図の一例として FeO－MnO 系を示す。包晶反応で生じた相の組織図の様式図も示す。包晶反応とは，液体を冷却した際に一種類の固相と一種類の液相が反応して別な第二の固相を形成する反応である。いま，A点（FeO:80 mol％，MnO: 20 mol％）の液相から冷却してくると，約 1500℃ の液相線以下になると，液相 L と固相 MnO_{ss}（MnO 固溶体）となり，包晶温度の 1430℃ 以下になると液相 L と固相 FeO_{ss}（FeO 固溶体）になり，約 1400℃ の固相線以下になると，固相 FeO_{ss} になる。

> **包晶（peritectic）**
> 液相 L が固相 α の周りを包むように反応し，別の固相 β を形成したときにできる結晶である。

Column　材料の代表的な応力-ひずみ線図

　金属材料，高分子材料，そしてセラミックス材料の機械的強度や破壊挙動は大きく異なる。これは，各種材料の化学結合（金属材料：金属結合，高分子材料：おもに共有結合，セラミックス材料：おもにイオン結合）に主に起因するが，同じ材料でも組織構造や製造方法によっても異なる。下図にそれぞれの材料の代表的な応力—ひずみ線図を示した。

　応力は外力に対し単位断面積あたりの内力（変形に抵抗する力）の大きさであり，ひずみは外力が作用したときの材料の変形量で，変形前の材料の長さに対する変形量の割合をいう。図に示したように，材料に荷重をかけていくと，材料は変形して比例的に変化する領域（フックの法則が成り立つ領域）が現れる。この領域では逆に荷重を取り除いていくと元の状態に戻る。このような変形を弾性変形といい，弾性領域の最大応力（σ_E）を比例限度という。また，この領域の線図の傾きを弾性係数といい，材料に対して応力が垂直な場合にヤング率という。図からわかるように，ヤング率をみるとセラミックス材料〉金属材料〉〉高分子材料の順に低くなることがわかる。弾性変形領域を超える荷重をくわえると，荷重を取り除いても元の状態に戻らないで残留ひずみを生じる塑性変形を起こす。金属材料と高分子材料は塑性領域をもつが，セラミックス材料は塑性変形を起こさない（すぐに結合が切れて破壊に至る）。セラミックス材料のようなヤング率が高く，塑性変形の小さな材料を脆性材料（硬くて脆い）といい，金属材料のようにヤング率があまり高くなく，塑性変形（ひずみ）の大きな材料を延性材料（易加工性）という。塑性変形領域では，わずかな応力でもひずみは大きくなり，これを降伏という。さらに応力を加えると最大応力（σ_{max}）を示し，これを破壊強さといい，曲げモードでは曲げ強さ，引っ張りモードでは引張強さという。その後，材料は破断（破断強さ）する。

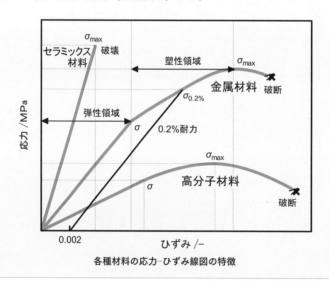

各種材料の応力-ひずみ線図の特徴

3

セラミックスの特徴

界面活性剤が形成する分子集合体存在下においてシリカの無機合成反応を進行させることにより，界面活性剤の分子集合体の構造が反映されたメソ構造が形成する。図は，ノニオン界面活性剤を鋳型として用いて合成されたメソポーラスシリカの TEM 像である。

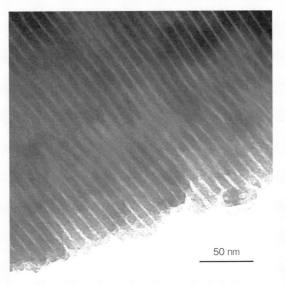

50 nm

メソポーラスシリカの透過型電子顕微鏡（TEM）像

3.1　セラミックスの化学結合

　酸化マグネシウム（MgO），酸化ニッケル（NiO），酸化亜鉛（ZnO），酸化ジルコニウム（ZrO_2），二酸化チタン（TiO_2），酸化鉄（Fe_2O_3），チタン酸バリウム（$BaTiO_3$）などの代表的なセラミックスの化学組成をみた場合，周期律表の左側にある電気陽性元素と右側にある電気陰性元素との組み合わせであることがわかる。このうち，電気陽性元素は電子を放出して陽イオンに，電気陰性元素は電子を受け取って陰イオンにそれぞれなり，これらの陽イオンと陰イオンとの静電力（クーロン力）によるイオン結合である（2.1参照）。セラミックスの多くがイオン結合であり，その結合の特長である高硬度，絶縁性，高融点，脆性材料となる（表3-1）。イオン結合には金属結合のような自由電子がないため，一般的には絶縁性である。また，陽イオンと陰イオンとの静電力による強い結合力をもつことから，高硬度，高融点な特徴を示す。しかし，イオン結合のセラミックスには，金属結合のような外部応力による転位現象によって生じる延性や展性という特長はなく，異なる電荷のイオンがずれると同じ電荷の配列になり，その構造は保てなくなって脆性破壊

表3-1　セラミック材料の主な特徴

	硬度	機械的強度	耐摩耗性	脆性	軽量性	耐熱性	導電性	熱伝導性	耐食性	加工性
セラミック材料	◎	◎	◎	×	○	◎	×	×	◎	×
金属材料	△	◎	△	◎	×	○	◎	◎	×	◎
高分子材料	×	○	×	◎	◎	×	×	×	○	◎

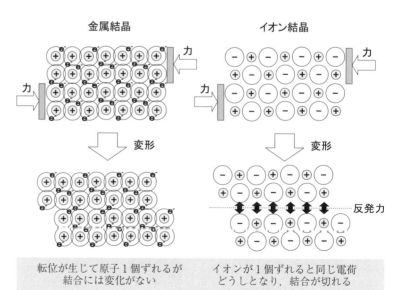

図3-1　金属結晶とイオン結晶の変形

（硬くて脆い性質）を起こす（図3-1）。二酸化ケイ素（SiO_2）や酸化アルミニウム（Al_2O_3）などは酸化物ではあるが，完全なイオン結合性ではなく，ある程度の共有結合性をもち，結合に方向性をもつ。

　一方，グラファイト（C），ダイヤモンド（C），炭化ケイ素（SiC），窒化ケイ素（Si_3N_4），窒化アルミニウム（AlN）などの非酸化物系セラミックスはイオン結合ではなく，それぞれの価電子をお互いに共有し合うことによって生じる共有結合をもつ（2.1参照）。共有結合では結合間距離，結合角が決まり，イオン結合（球体の単なる充塡）にはない，結合の方向性が表れる。たとえば，ダイヤモンドの場合にはsp^3混成軌道を形成して4つのC–Cの結合間距離と結合角が均等になって正四面体の構造をとる（図3-2）。このダイヤモンド構造は力学的に優れた構造で外部応力を結晶構造中の原子に均一に分散させることから，物質の中で一番硬い材料となる。このダイヤモンド構造のCをSiに置き換えたものが炭化ケイ素（SiC）であり，耐熱性機械部品等に利用されている。一方，同素体であるグラファイトはsp^2混成軌道と一対のπ電子（ファンデルワールス力として影響する）を形成して3つのC–Cの結合角は120°の均等になって六角形平面構造をとり，この平面構造どうし

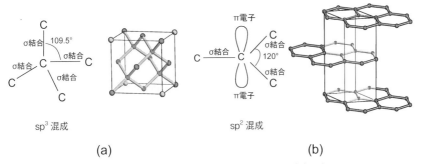

(a)　　　　　　　　　　　　　(b)

図3-2　**ダイヤモンド構造(a)とグラファイト構造(b)の違い**

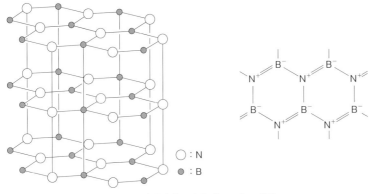

図3-3　**六方晶窒化ホウ素（h-BN）の構造**

をπ電子で結合している。これと類似した構造に六方晶型窒化ホウ素（h–BN）があり，その性質もグラファイトに類似する（h–BN は電気絶縁性である）。また，図 3-3 には六方晶系窒化ホウ素の構造を示す。黒鉛に類似した層状構造をもち，層面内は黒鉛と同様に sp^2 混成軌道をとる。しかし，13 族〜15 族元素間の結合であるため，いったん N の p 電子 1 個が B に移動するため形式上は B^-–N^+ の荷電結合をとることから，sp^2 軌道に直角にあるもう 1 個の p 電子はイオン結合性が強くなり，絶縁性を示すようになる。層間は van der Waals 結合ではあるが，黒鉛の重なりとは異なり層間の六角形が上下に重なり合っている。

3.2　伝統的セラミックス

セラミックス（ceramics）の語源は，ギリシャ語の「keramikos」であり，土器などを作る製造プロセスでできているものの総称をいう。近年，多様な，より進んだ機能と特性を有するセラミックスとして先進セラミックス（ニューセラミックス，ファインセラミックス，アドバンスセラミックスともいう）が注目されている。しかし，この先進セラミックスも，基本的には原料調製し，その原料を所望の形状に成形し，加熱処理して焼き固めるという手法を用いているため，土器や陶器などの伝統的セラミックスの手法とほとんど変わりない*。この項では，いくつかの伝統的セラミックスについて説明する。

（1）陶磁器

陶磁器は，天然原料である粘土（$SiO_2 \cdot Al_2O_3 \cdot H_2O$），長石（$K_2O \cdot Na_2O \cdot Al_2O_3 \cdot SiO_2$），ケイ石（$SiO_2$）を混ぜ，焼き固めたものの総称であるが，これを釉薬の有無，透水性や焼成温度などで，土器，陶器，炻器，磁器に大きく分類することができる（表 3-2）。

*陶磁器原料を成形して高温焼成すると，長石成分はガラス相，粘土成分はムライト（$3Al_2O_3 \cdot 2SiO_2$），ケイ石成分は石英に変化して，強固なセラミックスとなる。

表 3-2　陶磁器の種類

種　類	焼成温度／℃	釉薬	性　　質	例
土　器	700〜900	無	有色，吸水性	レンガ，瓦，植木鉢
陶　器	1,100〜1,300	有	厚手，濁音	食器，衛生陶器，タイル
炻　器	1,200〜1,300	無	有色，金属音	備前焼，常滑焼
磁　器	1,300〜1,500	有	薄手，金属音，透光性	高級食器，高級装飾品

土　器　日本では縄文式土器や弥生式土器などが有名である。一般には粘土を成形して 700〜900℃ の野焼きの状態で焼いた器のことであり，釉薬は施されていない。土器には気孔が多く残っているために透水性が

あり，器壁の強度も陶器や磁器に比べて弱く，比重が軽く，脆くて壊れやすい。土器には鉢，瓦やテラコッタレンガなどがある。

　陶　器　鉄分を含まない粘土を用いて成形し，1,100～1,300℃ の温度の窯で焼いた器のことであり，表面には釉薬を施す。この釉薬は高温でガラス化し，光沢や色がえられるとともに，ガラス層が亀裂の進展を抑制して表面強度を向上させる。素地は厚く，透光性はない。また，器は重く，叩いたときの音も鈍い。日本では平安時代に瀬戸で窯を用いた施釉した陶器の製造が始まった。代表的な窯元として萩焼，瀬戸焼などがある。また，食器の他に衛生陶器や建築用タイルなども陶器に含まれる。

　炻　器　鉄分を含む粘土を原料にもちいて成形し，無釉の状態で1,200～1,400℃ の温度の窯で焼きしめたものである。代表的な窯元として備前焼，常滑焼などがある。

　磁　器　カオリナイトを多く含む粘土，長石，ケイ石を混ぜて混練し，成形したものを 1,300～1,500℃ の高温で焼き固めたものである。高温でカオリナイト（$Al_2O_3 \cdot 2SiO_2 \cdot 2H_2O$）がムライト（$3Al_2O_3 \cdot 2SiO_2$）化することと長石（$K_2O \cdot Na_2O \cdot Al_2O_3 \cdot SiO_2$）が融解してガラス化して気孔を埋めるために素地の機械的強度は高く，透水性もない。また，素地は薄手で軽く，半透光性の性質をもち，叩くと澄んだ金属音がする。表面には陶器と同様に施釉されている。焼成温度や原料によって軟質磁器と硬質磁器とに分けられる。有田焼，九谷焼などに代表され，ノリタケ，ナルミなどの高級食器や高級装飾品がある。

　このような陶磁器の製造プロセスは，原料配合→混合・混練→成形→乾燥→焼成→施釉→製品となり，施釉工程を除けばセラミックスの製造プロセスの基本となっている。

（2）　ガラス

　ガラスとは，加熱によってガラス転移現象（T_g）を示す非晶質固体であり，このような固体状態をガラス状態という（図3-4）。ガラスは結晶と同程度の剛性をもち，その粘性はきわめて高い。

　ガラスの歴史は，紀元前 5000 年ごろにはすでにメソポタミアで使われていたという起源をもち，その後，古代エジプトではさかんにガラス製造が行われていたという記述がアッシリアの石版図書館には残っている。紀元前 1 世紀にはフェニキアで吹きガラスの技法が発明され，花びんなどの形状のガラスが製造されていた。このような古代の精巧なガラス製造技術をローマが治めていたことからローマンガラスと総称されている。その後，3～7 世紀サザン朝ペルシャではカットガラスの技法が開発された。15 世紀には欧州各地でステンドグラスが製造されるようになった。このようなガラス製造の技術が世界中に広範囲に伝わっていき，

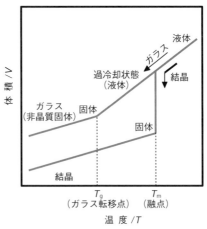

図3-4 ガラス転移点

> セラミック原料をいったん融点を超えた温度にすると融液となる。これを冷却する際，結晶は融点（T_m）で急激な体積収縮をともない結晶化する。一方，ガラスの場合，融点を過ぎても結晶化せずにそのまま過冷却な融液状態を保ち，ガラス転移温度（T_g）まで下がったときに，わずかな体積変化をともない急激に融液の粘性が増大して固化する。

現在の板ガラス，ビンガラス，食器用ガラスに受け継がれている。

　ガラスは，主成分（網目形成酸化物）となるケイ石と副成分（網目修飾酸化物）の種々の酸化物鉱物を混合し，高温で溶融して液体状態にし，それを急冷して製造する（図3-4）。副成分の種類によってガラスの種類は決まり，板ガラス，ビンガラスやガラス食器などのソーダ石灰ガラスには主成分のケイ石（SiO_2）ほかにソーダ灰（Na_2O），炭酸カリ（K_2O），石灰石（CaO），アルミナ（Al_2O_3）の副成分が配合されている。

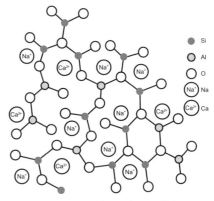

図3-5 ソーダ石灰ガラスの構造

> SiO_4四面体またはAlO_4四面体の頂点の酸化物イオンを共有しながら，ガラス網目構造を形成する。ソーダ石灰ガラスでは，ガラス網目構造の切れている部分やAlO_4四面体（SiO_4四面体よりも負電荷が多い）のある部分の電荷を補償するために，ガラス修飾成分のNa^+イオンまたはCa^{2+}イオンが網目構造内に入る。

　なお，図3-6にフロート法による板ガラスの製造工程を示した。

　まず，所定のガラス原料を配合したものをガラス溶融炉で約1600℃

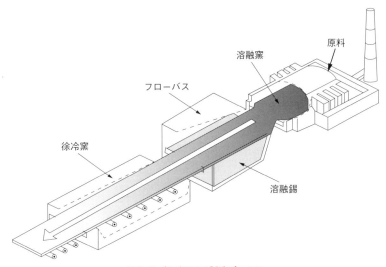

図3-6 板ガラスの製造プロセス

で加熱して溶融する。溶融されたガラスを溶融錫の敷かれた炉（フロートバス）に流し込む。スズとガラスの比重差を利用し，溶融したスズの上に溶融したガラスを浮かべて製板する。製板されたガラスを徐々に冷却しながら成形された板ガラスを連続的に引き出す。この引き出し速度をコントロールすることで所定の厚みの平滑なフロート板ガラスが製造できる。また，調理器具や理化学用ガラスなどに用いられているホウケイ酸塩ガラスには，ホウ砂（B_2O_3），Na_2O, Al_2O_3 の副成分が配合され，クリスタルガラスや光学ガラスなどに用いられている鉛ガラスには酸化鉛（PbO），Na_2O, K_2O の副成分が配合されている（表3-3）。

表3-3 主要なケイ酸塩ガラスの種類と用途

	ソーダ石灰ガラス	アルミノケイ酸塩ガラス	ホウケイ酸塩ガラス	鉛ガラス
成分	SiO_2，（Na_2O+K_2O），CaO，MgO，Al_2O_3	SiO_2，Al_2O_3，B_2O_3，（$MgO+CaO+BaO$）	SiO_2，B_2O_3，Na_2O，Al_2O_3	SiO_2，PbO，Na_2O，K_2O
特長	軟化温度：低 化学的耐久性 原料安価	軟化温度：高 化学的耐久性 機械的強度	軟化温度：高 化学的耐久性 熱膨張率：低	屈折率：高 加工性 X線不透過
用途	板ガラス，ビンガラス，ガラス食器・容器，電球	強化用ガラス繊維，ディスプレイ用基板ガラス	光学ガラス，調理器具，理化学用ガラス，化学工場プラント，医療容器，電子管用ガラス	クリスタルガラス，光学ガラス，封着ガラス，X線遮蔽ガラス窓

（3） 耐火物

耐火物とは，製鉄，窯業，セメント，化学プラント，ゴミ処理施設などで使用される炉の内張に使われ，1,600℃以上の高温に耐えられるセラミックスで，耐火れんが，耐火断熱材，不定形耐火物などがある（図

図 3-7　主要な耐火物の外観（写真提供：美濃窯業(株)）

3-7)。このような耐火物の原料には，耐火性の高いマグネシア（MgO），
カルシア（CaO），アルミナ（Al_2O_3），ジルコニア（ZrO_2），シリカ
（SiO_2），マグネシアスピネル（$MgO \cdot Al_2O_3$），カーボン（C）などが使
用されている（表 3-4）。耐火物のうち，定形耐火れんがの製造工程は
一般的なセラミックスの製造と同様で，原料調製，成形，乾燥，焼成，
製品である。耐火れんがを性質により分類すると，粘土質れんがやシャ
モットれんがなどの酸性耐火れんが，高アルミナ質れんがやスピネルれ
んがなどの中性耐火れんが，マグネシアれんがやマグネシア・カーボン
れんがなどの塩基性耐火れんがに分けられる。また，耐火れんがは高温
強度だけでなく，炉内の雰囲気や耐火物と接しているものとの反応性，
たとえばスラグとの反応性についても十分考慮して使用しなければなら
ない。一般的には酸性スラグには酸性の耐火れんがを使用し，塩基性ス

表 3-4　主要なれんがの種類と用途

性　質	れんが	成　分	用　途
酸　性	ジルコン質れんが	$ZrO_2 \cdot SiO_2$	ガラス溶解炉
	シリカ質れんが	SiO_2	石灰焼成炉，セメント焼成炉
	シャモット（粘土）質れんが	$SiO_2 \cdot Al_2O_3$	石灰焼成炉，セメント焼成炉
中　性	アルミナ質れんが	$Al_2O_3 \cdot SiO_2$	石灰焼成炉，セメント焼成炉
	ムライト質れんが	$Al_2O_3 \cdot SiO_2$	廃棄物焼成炉
	高アルミナれんが	Al_2O_3	石灰焼成炉，セメント焼成炉
塩基性	マグネシアスピネルれんが	$MgO \cdot Al_2O_3$	石灰焼成炉，セメント焼成炉
	マグネシアれんが	MgO	セメント焼成炉，ガラス溶解炉
	マグネシアカーボンれんが	$MgO \cdot C$	溶鉱炉（高炉）

ラグには塩基性耐火物を使用する。不定形耐火物は耐火骨材にアルミナセメントを混合したもので，施工工事の現場で水と混ぜて，吹きつけ作業などによって施工される。ゴミ処理施設などでの使用が多い。

（4）セメント・コンクリート

われわれの周りにはビル，道路，橋，港湾などのコンクリート構造物をみることができる。このコンクリートは，セメントに砂，砂利を混ぜて水と反応させて固化したものであり，セラミックス中では珍しく焼成工程のないセラミックスである。巨大な構造物がコンクリートでできている理由は，セメントなどのコンクリート原料が安価で，コンクリート構造物の成形が容易で，硬化後の機械的強度が高く，耐久性や耐火性もあること，などがあげられる。

セメントの歴史は古く，エジプトのピラミッド建設のための石材接着に使われていた。このときのセメントは石灰石と石膏の混合物であったが，後に天然の火山灰なども用いられるようになった。セメントが人工的に合成されたのは 1824 年にイギリス人のアスプジンによるものとされている。これは粘土と石灰石との混合物を高温で焼いて，水硬性のセメントをえたものである。この硬化体の風合いがポルトランド島でとれる石灰石に似ていたためにポルトランドセメントと命名された。

ポルトランドセメントは，石灰石（$CaCO_3$），ケイ石（SiO_2），粘土

表 3-5　セメントクリンカー製造の原料配合と化学組成鉱物配合

セメントクリンカーを製造するための原料配合／セメント製造 1 トンあたり			
石灰石（$CaCO_3$）	粘土（$SiO_2-Al_2O_3-H_2O$ 系化合物）	ケイ石（SiO_2）	鉄さい（Fe_2O_3）
1,206 kg	149 kg	164 kg	33 kg

ポルトランドセメントの化学組成／mass%					
CaO	SiO_2	Al_2O_3	Fe_2O_3	$CaSO_4$（焼成後添加）	その他
64	22	5	3	4	2

 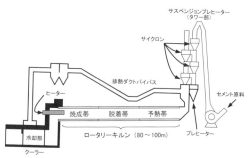

図 3-8　セメントの製造装置（ロータリーキルン焼成装置）（提供：太平洋セメント（株））

━━━ エコセメント ━━━

　エコセメントとは，これまでの
セメント原料の石灰石，粘土，け
い石の代替として，生活から出る
ごみを清掃工場で焼却した際に発
生する焼却灰や汚泥等の各種廃棄
物を主原料とした新しいセメント
である。都市ごみ焼却灰，汚泥等
の廃棄物を再資源化したセメント。

$(SiO_2 \cdot Al_2O_3)$，酸化鉄原料（Fe_2O_3）を粉砕混合し，回転焼成窯（ロータリーキルン）中で約 1,500℃ の高温で焼成すると，クリンカーと呼ばれる球状焼成物がえられる（表3-5，図3-8）。このクリンカーを急冷した後にセッコウを混ぜて粉砕したものがセメントである。クリンカーの構成鉱物にはケイ酸三カルシウム（エーライト；$3CaO \cdot SiO_2$），ケイ酸二カルシウム（ビーライト；$2CaO \cdot SiO_2$），アルミン酸三カルシウム（$3CaO \cdot Al_2O_3$），鉄アルミン酸四カルシウム（$4CaO \cdot Al_2O_3 \cdot Fe_2O_3$）である。ポルトランドセメントに水を加えると，セメント構成鉱物と水とが反応しておもに水酸化物（$Ca(OH)_2$）やケイ酸カルシウム水和物（CaO–SiO_2–H_2O 系水和物）などを生成し，固体体積を増加させて固まる（図3-9）。

　ポルトランドセメントのほかに，クリンカー構成成分を変えると（表3-6），早強セメントや中庸熱セメントになり，さらに添加物を加えた高炉セメントやフライアッシュセメントなどがある。近年のセメント産業は，その原料に汚泥焼却灰やゴミ焼却灰などの産業廃棄物を用いたり，燃料に古タイヤや木材廃材などを用いたりして環境（資源リサイクルな

セメント鉱物／特長	セメント水和反応
$3CaO \cdot SiO_2$（C_3S） 強度発現：大・早，水和熱：大 $2CaO \cdot SiO_2$（C_2S） 強度発現：大・遅，水和熱：小 $3CaO \cdot Al_2O_3$（C_3A） 強度発現：小，水和反応：大 $4CaO \cdot Al_2O_3 \cdot Fe_2O_3$（$C_4AF$） 強度発現：小，水和熱：大 $CaSO_4 \cdot 2H_2O$（セッコウ） C_3A の反応性の抑制	1）C_3S，C_2S，C_3A および C_4AF は水と反応すると C–S–H 系ゲルの生成が起こる。とくに C_3S と C_3A の反応性が大。（凝結のはじまり） 2）C_3S はその周りに形成した水和物で反応性が低下。C_3A は反応性が高いためにセメントをすぐに凝結してしまうことから，セッコウを添加して $3CaO \cdot Al_2O_3 \cdot 3CaSO_4 \cdot 32H_2O$（エトリンガイト）を生成させ，水との接触を抑制する。（凝結性の調整） 3）エトリンガイトと C_3A および C_4AF とが反応し $3CaO \cdot (Al\text{-}Fe)_2O_3 \cdot CaSO_4 \cdot 12H_2O$（モノサルフェート）を生成し，さらに水和反応の進行にともないによる C–S–H 系水和物および $Ca(OH)_2$ を生成する。（結晶成長によって空隙を埋め，強度発現の増大→硬化）

（中央に「水和硬化」と矢印）

図3-9　セメント化合物の水和反応

表3-6　各種セメントのセメント鉱物配合（mass %）

	C_3S	C_2S	C_3A	C_4AF	$CaSO_4 \cdot 2H_2O$
ポルトランドセメント	52	23	9	10	3
早強セメント	63	13	8	9	5
中庸熱セメント	46	33	4	12	3
耐硫酸性セメント	53	28	2	12	3
低熱セメント	24	56	3	9	4
白色セメント	63	15	12	1	4

ど）を意識した産業になっている。

3.3　先進セラミックス

　前項で述べた陶磁器，ガラス，耐火物，セメントなどの伝統的セラミックスは，その原料に天然原料のケイ酸塩類（粘土系原料）を利用したものであるが，20 世紀後半から科学技術の進歩にともない優れた新しいセラミック製造プロセスが開発された。これには，① 高純度の人工合成原料が入手できるようになったことと，② 焼成温度の制御や，③ セラミックの組成や微構造の制御，寸法・形状の制御などが精密に行えるようになったことで，これまでのセラミックスにはない新しい機能や特性（熱的，機械的，電磁気的，光学的，生物学的機能，環境適合的機

表 3-7　先進セラミックスの主な機能と応用例

酸化物セラミックス			非酸化物セラミックス		
機　能	材　料	応　用	機　能	材　料	応　用
電気・電子的機能 絶縁性 誘電性 圧電性 磁性 半導性 イオン導電性 電子伝導性 超伝導性	Al_2O_3, BeO $BaTiO_3$, TiO_2 $Pb(ZrTi)O_3$, SiO_2 $Zn_{1-x}Mn_xFe_2O_4$ SnO_2 ZnO–Bi_2O_3 $BaTiO_3$ β–Al_2O_3 安定化 ZrO_2 Li–Ni 化合物 ITO YBCO	IC 基板 キャパシタ 着火素子, 発振子, 表面弾性波 記憶・演算素子 ガスセンサ バリスタ 温度抵抗素子 NaS 電池 酸素センサ リチウム二次電池 タッチパネル 超伝導体	絶縁性 導電性 半導性 電子放射性	ダイヤモンド AlN SiC, $MoSi_2$ SiC LaB_6	IC 基板 発熱体 バリスタ 電子銃用熱陰極
機械的機能 耐摩耗性, 切削性	Al_2O_3, ZrO_2(SZ, PSZ)	研磨材, 砥石, 切削工具	耐摩耗性, 切削性 強度機能 潤滑機能	B_4C, ダイヤモンド, c–BN SiC, サイアロン, Si_3N_4, h–BN, 黒鉛	研磨材, 砥石, 切削工具, エンジン部品 耐熱潤滑剤
光学的機能 蛍光性 透光性 偏光性 導光性	Y_2O_3 Al_2O_3 PLZT SiO_2, 多成分系ガラス	蛍光体 Na ランプ管 光学偏光素子 光通信ケーブル, ファイバースコープ	透光性 光反射性 蛍光性	AlN TiN 各種酸窒化物	窓材 集光材 LED 用 蛍光体
生物学的機能 歯骨材	Al_2O_3, PSZ $Ca_{10}(PO_4)_6(OH)_2$ バイオガラス	人工歯根, 人工関節 人工骨, 歯磨材 人工骨	耐食性	c–BN, ダイヤモンド, サイアロン	ポンプ材, 各種耐食材
環境適合機能 ハニカム担体 光触媒性 吸着性 光起電力	コーディエリライト TiO_2 ゼオライト a–Si, 多結晶–Si	排ガス浄化装置 自己浄化, 抗菌材 イオン交換体 太陽電池	原子炉材	UC 黒鉛, SiC 黒鉛	核燃料 被覆材 減速材

能）をもったセラミックスがえられるようになった。このようなに高度に精密制御されたセラミックスを先進セラミックスと呼ぶ（表 3-7）。

　熱的機能をもった先進セラミックスは，原子炉材用セラミックスやスペースシャトルの断熱タイルに代表されるように，高温を保持したり，高温から人間や機器などを保護するために使用される。このほかに熱交換器，自動車用排ガス触媒用担体などもある。

　機械的機能は，排気制御弁やターボローターなどのエンジン部品，ガスタービンエンジン部品，セラミック製切削工具などの製品に用いられている。これらは，耐熱性・寸法精度の他に耐摩耗性などの性質も求められる。

　電気・電子・磁気的機能はさまざまな特徴をもち，これらはエレクトロニクスセラミックスとして小型化や高性能化するために情報機器や情報家電に多数利用されている。主なものとして回路基板（絶縁性），コンデンサ・キャパシター（誘電性），表面弾性波フィルター・振動子（圧電性），赤外線センサ（焦電性），不揮発メモリー（強誘電性），サーミスタ・セラミックヒーター（半導性），透明導電膜（導電性），超伝導セラミックス（超伝導性），2 次電池材料（イオン導電性），コア材料・磁気記録材料・永久磁石（フェリ磁性・強磁性）などがある。

　光学的機能には，レンズやプリズムの精密光学材料の他に，光通信技術としては光ファイバーや光導波路型デバイス，薄型テレビには大型ガラス基板，蛍光体，無機 EL 材料，発光ダイオード（LED）があり，医療分野には半導体レーザー，ガラスファイバースコープなどがある。

　生物学的機能は近年注目されているセラミックスの機能で，生体組織との生体適合性をもつセラミックスが医療分野で役立っている。たとえば，これらには人工骨，人工歯根，セラミックス歯冠，人工関節の骨頭部，骨ペースト，高速液体クロマトグラフィー用カラム充填剤などがある。

　環境適合（環境対応）的機能も近年注目されているセラミックスの機能である。環境に対して無害な元素で構成されているもの，有害な元素やイオンを除去する機能，太陽電池および熱電セラミックスのようにエネルギー変換して発電するセラミックス，燃料電池および各種 2 次電池などがあげられるが，このほかにも多岐にわたる。

3.4　セラミックスの状態

　セラミックスには 1 種類の化合物できている単一体と，いくつかの化合物が組み合わされた複合体がある（図 3-10）。

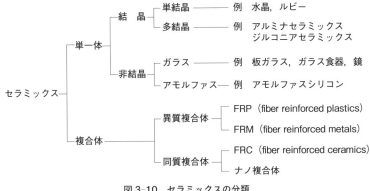

図 3-10 セラミックスの分類

単一体は，アルミナ（$\alpha\text{-}Al_2O_3$）焼結体のような結晶性多結晶体，ダイヤモンドのような単結晶体，ガラスのような非晶質固体の 3 つに大別される（図 3-11）。これはとくにセラミックスの原子の配列状態や微構造に由来するもので，その性質に大きく影響する。

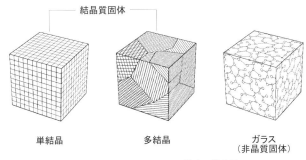

図 3-11 セラミックスの構造の模式図

（1） セラミックスの原子の配列状態

セラミックスの原子の配列状態によって，結晶質固体と非晶質固体とに分けられる。結晶質固体は原子が 3 次元的に規則正しく一定の周期で配列している固体である。結晶質固体の場合，原子の並び方などによって応力のかかる方向や導電性を示す方向にある特定な方向性をもつことから，そのセラミックスの特性が結晶の方位によって異なる場合がある。一方，非晶質固体を詳細に分類すると，ガラス（ガラス転移点 T_g をもつ固体）に代表されるようにある原子の周りだけは，ある程度の秩序をもって配列している（短距離秩序）が，広い範囲では原子の配列に周期性や規則性（長距離秩序）がないものと，アモルファスシリコン（ガラス転移点 T_g をもたない固体）に代表されるように短距離秩序も長距離秩序もない固体とがある。一般に非晶質固体の場合，原子の並び方に規則性や秩序がないことから，応力は均一にかかり，そのセラミックスの特性は均一となる。

（2）　セラミックスの微構造

セラミックスの微構造によって，単結晶体と多結晶体とに分けられる。単結晶体は，エメラルド，サファイアやルビーなどの宝石，シリコンウェハーや水晶などに代表されるように，材料全体の構成原子の配列が規則正しく配列している固体である。単結晶体は材料全体が1つの結晶でできているため，その原子の並びによってその特性が結晶の方位により顕著に現れる（異方性）。一方，多結晶体は，細かい単結晶粒子の集合体で，それぞれの粒子の方向性は無関係に存在している状態の固体である。一般に製造プロセスにおいて成形・焼結工程を経たセラミックスは多結晶体である。これには，粒子と粒子との間に構造が不連続となった粒界が必ず存在する。多結晶体のセラミックスの特性は，それを構成する粒子の大きさや分布，粒界の状態，内部に存在する気孔などに大きく影響される。

（3）　セラミックスの複合体

一般的に複合体とは，母相（マトリックス）に対して異なる相が1つ以上含むものを指す。たとえば，セラミック／金属複合材などがあるが，同じ材料でも成分や形状が異なるものを複合させた炭素繊維強化炭素のようにセラミック／セラミック複合材もある。最近では，図 3-12 に示すナノ複合材料の研究がさかんで，混合する分散相の形態と配列を変えることで複合体の機能制御ができる特徴をもつ新材料である。

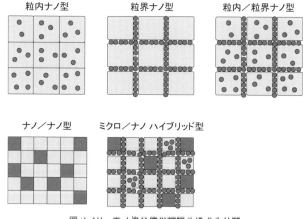

図 3-12　ナノ複合体の微構造による分類

粒子内または粒界にナノオーダー粒子を複合化させることにより，今までにないセラミックスの特性を向上させることができる。粒子内にナノオーダー粒子を複合化させることにより，クラックの進展を阻害し機械的強度が向上したり，粒界にナノオーダー粒子を複合化させることにより，電気・電子機能特性が向上する。今後，ナノ複合体はさらに研究開発されていく分野である。

3.5　先進セラミックスの特徴

（1）　機械的性質

固体に応力（力–面積）を加えると，フックの法則

$$\sigma\,(応力) = E(弾性率) \times \varepsilon\,(歪み) \tag{3-1}$$

にしたがって変形する。それには等方的な固体には独立した2つの弾性定数をもっている。1つは，棒に引張り応力を加えると力と平行な方向には伸び，その応力を歪み（伸び–長さ）で割った値が弾性率（ヤング率 E）である。弾性係数は曲げ試験や引張り試験を行って歪みを実際に測定する。一方，棒に引張り応力を加えると，それに対して垂直に縮むひずみの割合，ポアソン比 ν がある。セラミックスの場合，E は非常に高く 100～400 GPa，ポアソン比 ν は 0.2 程度である（表3-8）。

材料の理論的な強さはそれを構成する原子どうしを切り離す力で，弾性率の 1/10 程度である。しかし，実際の強さはそれよりも 1/100 ほど小さく，高強度なセラミックスでも 400～800 MPa 程度の値である。セラミックスの強さが理想の値より小さいのは材料の内部および表面に欠陥を含み，そこに応力が集中するためで，内部欠陥や表面欠陥が多いほど弱くなる。

セラミックスにはほとんどの場合に多くの欠陥が存在し，その先端に応力が集中して破壊の原因となる。そのため金属材料の機械的性質とは異なる点が多い。その大きさは応力拡大係数 K で表される。応力と亀裂が小さく，また，K が小さいときは亀裂の進展は非常に緩慢であるが，K がある値になると亀裂は急速に進展して破壊する。この値が臨界応力拡大係数または破壊靭性値 K_C であり，ねばり強さを表す。セラミックスの引張り（モードI）の K_{IC} は 2～10 MPa・m$^{1/2}$ 程度である（表3-9）。

表3-8　各種セラミックスのヤング率

セラミックス	ヤング率／GPa
アルミナ	390
窒化ケイ素	230
炭化ケイ素	450
ジルコニア	200
ムライト	150
ソーダ石灰ガラス	70
ダイヤモンド	1,000

表3-9　代表的なセラミックスの力学的強度と破壊じん性

セラミックス	強度／MPa）	破壊じん性 K_{IC}／MPa・m$^{1/2}$
アルミナ	300～400	2.7～4.2
マグネシア	300	3
コーディエライト	200	2
炭化ケイ素	500	3～4
窒化ケイ素	600～800	5～6
サイアロン	830～980	5～6.8

（2）　熱的特性

材料における熱の吸収・放出特性に関する物性（状態量）として比熱容量と熱膨張率，また熱の輸送・遮断に関する物性として熱伝導率があ

表3-10 各種セラミック材料の線熱膨張係数

材　料	線熱膨張係数／×10⁻⁷／K
アルミナ	86
マグネシア	135
ジルコニア	100
ソーダ石灰ガラス	90
炭化ケイ素	40
炭化チタン	74
石英ガラス	5.5
コーディエライト	5.7
窒化アルミニウム（AlN）	3.9

げられる。

　熱量 m の物質が熱量 Q を吸収し，温度が ΔT だけ上昇したとき，$Q/(m \cdot \Delta T)$ を比熱容量（比熱）c, m がモル数の場合にはモル熱容量（モル比熱）C という。さらに体積一定化の定積モル熱容量 C と圧力一定下の定圧モル熱容量 C_p とに区別され，次の関係がある。

$$C_p - C_v = \Delta TV\beta/Kt \tag{3-2}$$

　　　　　　　（T：絶対温度, V：モル体積, β：熱膨張係数, K_T：等温圧縮率）

　結晶の結合力を示す原子間ポテンシャルが非対称になると，温度が上昇するにつれて熱膨張が起こる（表3-10）。ダイヤモンドやSiCなどの共有結合結晶は結合力が強く，熱膨張率も小さい。一方，イオン結晶では原子間ポテンシャルの非対称性が大きいために，また金属では結合が弱いために，それぞれ熱膨張率が大きくなる。しかし，イオン結合の場合でも，極端に小さい，あるいは負の熱膨張を示すものがある。たとえば，石英ガラスではガラスのネットワークを形成する構造単位の SiO_4 四面体がネットワークの隙間を埋めるように変位するために低い熱膨張を示す。コーディエライトは結晶軸によって正または負の熱膨張係数をもつ。また，焼結体では膨張と収縮の変化がバランスされて低い熱膨張を示すものもある。

　熱伝導率 K は熱伝導方程式にしたがい

$$K = C\alpha\rho（\alpha：熱拡散率, \rho：密度） \tag{3-3}$$

の関係がある（表3-11）。その測定は熱拡散率から熱伝導率を求める。固体の熱伝導率は以下に述べるような種々の要因により，0.01～300 W/mK の範囲の値を示す。固体の中で熱を運ぶキャリアの種類には主にフォノン伝導，電子伝導，フォトン伝導がある。金属ではキャリアは電子伝導であるが，多くのセラミックスは絶縁性なので，フォノン伝導による格子熱伝導が支配的である。一般に熱伝導は，化学結合が強い，

表 3-11 各種セラミック材料の熱伝導率

材　　料	熱伝導率／W/(m·K)	
	100℃	1,000℃
アルミナ	20〜40	6
マグネシア	38	7
ムライト	6	4
安定化ジルコニア	2	2
石英ガラス	2	3
黒鉛	180	63
窒化アルミニウム（AlN）	70〜270	—
サイアロン	15	
TiC サーメット	33	8
ダイヤモンド	2,000	—

原子の充てん密度が高い，結晶の対称性が高い，軽元素から構成される，固体ほど高い熱伝導率を示す。セラミックスの中で最も高い熱伝導率を示すものはダイヤモンドである。

（3）　電気特性

　セラミックスの中で，電気を通すものと通さないものがある（表3-12）。通さないものを絶縁体と呼ぶが，これを電場の中に入れると，正

表 3-12 各種材料の導電率（室温）

	材　料	σ／S/m		材　料	σ／S/m
金属	銅	6×10^{7}	半導体	シリコン（ケイ素）	$10^{-4}\sim10^{5}$
	鉄	1×10^{7}		炭化ケイ素	3
	白金	1×10^{7}		ゲルマニウム	1×10^{4}
絶縁体	アルミナ	$<10^{-12}$		酸化鉄（Ⅲ）	$10^{1}\sim10^{5}$
	ステアタイト磁器	$<10^{-12}$		酸化スズ（Ⅳ）	$10^{-2}\sim10^{5}$
	石英ガラス	$<10^{-12}$		酸化亜鉛	$10^{-5}\sim10^{2}$

負の電荷が逆の電荷に引き寄せられて，正負の電荷の重心にずれができ，絶縁体の両側に正と負の電荷が誘起された状態となる。そのため，絶縁体は誘電体とも呼ばれている。絶縁体を分類すると，常誘電体，強誘電体，圧電体，焦電体となる（図3-13）。外部電圧を取り除くと，普通の誘電体では元の状態に戻る。これを常誘電体という。一方，外部電圧を取り除いても物質固有の分極（残留分極）が残るものを強誘電体という。圧電体は結晶に力を加えると電圧を生じるものであり，また焦電体とは結晶に熱を加えると電圧を生ずるものである。たとえば，強誘電体であれば，圧電性も焦電性も兼ね備えている。このように分極を電圧によって自由に制御できる便利さから，誘電体はいろいろな方面に使われている。たとえば，分極が整列し，電荷をため込む性質はコンデンサとして利用され，電気製品に大量に使われている。

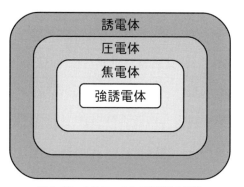

図3-13 セラミックスの絶縁体の分類

　多くのセンサがセラミックスからできている。数メートルほど離れた人間から放射される微弱な赤外線を感じることができるセラミックスもできているが，これは焦電体としての性質を利用したセンサである。強誘電体に直流電圧をかけると分極が起こり，一方の表面に正の電荷が他方に負の電荷が現れる。ここで外部電圧を取り去っても表面の電荷は消えない。この表面の電荷量を残留分極と呼んでいる。これに赤外線のパルスを当てると，熱膨張または収縮によって分極が変化し，その結果として表面の電荷が変わる。2つの電極間に外部抵抗（R）をつないでおくと，相手をなくした浮遊電荷がRを伝わって流れることになる。これを焦電流といい，その電圧を検知して赤外線センサが働く。

　結晶に応力（圧力または張力）をかけたとき，電圧が発生したり，また逆に電圧をかけると，歪み（伸び，または縮み）が発生する現象を，圧電効果と呼んでいる。前者を圧電正効果，後者を圧電逆効果という。圧電効果を示す圧電性セラミックスもまた，電子材料として多方面に使われている。たとえば超音波発振子，着火素子，マイクロフォン，圧電トランスなどである（表3-13）。外部電圧によって分極した表面は，正電荷と負電荷とに分かれている。これに上下方向から，表面に垂直に圧力をかけると分極が変化し，表面層の電荷の一部が消える。2つの電極

表3-13 圧電セラミックスの応用例

圧電効果の利用形態	応用例
① 機械系から電気系への変換 （圧電正効果の利用）	点火素子，加速度センサ，ノッキングセンサ，圧力センサなど
② 電気系から機械系への変換 （圧電逆効果の利用）	VTRヘッド制御などの微小変位素子，CCDカメラ用スイング，超音波モーター，魚群探知機，洗浄機，加工機，開放，加湿器，超音波しライ，ブザー，バイブル　など
③ 電気系から機械系を経て再び 電気系への変換	発振子，各種フィルターなど

間に外部抵抗（R）をつないでおくと，相手をなくした浮遊電荷が，Rを伝わって流れる。

（4）　電子伝導，イオン伝導

セラミックスの電子伝導は，エネルギーバンドに基づいて考えることができる。セラミックスに電極を付与して電界をかけエネルギーを付与すると，電子のもつエネルギーは増加する。しかし，価電子帯の中では電子がエネルギーを受け取っても，占有しているエネルギー準位に空きがないために，別の状態に移ることができない。エネルギーギャップが大きいと，外部から熱や光などのエネルギーを受け取っても，伝導帯へは電子を持ち上げることができず，電気伝導に寄与することができる電子はなく，電界をかけても電気伝導性を示すことはない。したがって，この物質は電気的には絶縁体である。

一方，エネルギーギャップが小さいと，容易に外部からエネルギーを受け取り，価電子帯から伝導体へ電子を持ち上げることができる。伝導体へ上がった電子は，電界から受け取ったエネルギーにより移動して，電荷を運び電気伝導に寄与する。このような物質は金属ほど電気伝導度が大きくはないが，絶縁体よりも大きな電気伝導度を示すので，半導体と呼ばれる。この例には，ZnO, Fe_2O_3 および TiO_2 などがある。このとき，伝導帯に持ち上げられた電子と，価電子帯で電子が抜けたホール（正孔）とは同数となる。電子の方が動きやすい場合，負電荷をもつ電子が電流を担うので n（negative）型半導体という。価電子帯のホールが動きやすい場合，正の電荷をもつホールが電流を担うので p（positive）型半導体という。さらに価電子帯と伝導帯が重なっているか，初めから許容帯が一部占有されている場合，電子は小さなエネルギーにより移動することができる（図3-14）。

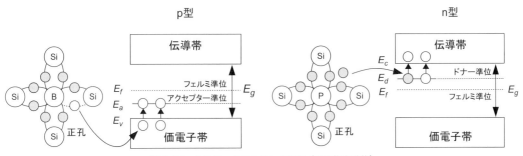

図3-14　セラミックスのバンド構造（不純物半導体）

セラミックスはイオン結合性の強い化合物が多いので，外部より電界を加えるとイオンが移動する可能性がある。まず，原子配列に内因的に

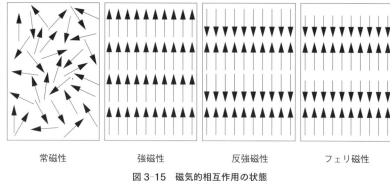

| 常磁性 | 強磁性 | 反強磁性 | フェリ磁性 |

図 3-15　磁気的相互作用の状態

（純粋な結晶自体に原子間の隙間が多い）イオンが占有していない位置が多く存在し，移動可能なイオンがその位置を経由して移動できることである。つぎに，結晶中でイオンが占有可能な位置が，イオンの数に比較して過剰にあり，それらの位置エネルギー間に大きな差がないことである。さらに添加物の固溶などにより格子欠陥を外因的に導入し，純粋な物質と比較して移動可能なイオンの格子欠陥濃度を高くした場合である。

（5）　磁気特性

　電子が永久磁気双極子をもつ物質は，永久磁気双極子間の磁気的相互作用の状態によって，おもに 4 種類に分類される。すなわち，お互いの磁気的相互作用がきわめて小さく外部から磁界が加えられていない場合，それぞれが勝手な方向を向いている「常磁性」と，隣り合う双極子間にたがいに平行に向こうとする力が働いてすべての磁化の向きが同一方向を向く「強磁性」，隣り合った磁化がお互いに反平行の方向を向く「反強磁性」，反強磁性と同じ磁化配列であるが，磁化の大きさが異なっているためにその差に相当する磁化をもつ「フェリ磁性」と呼ばれるものの 4 種類である。これらの磁性材料の中で，永久磁石，磁気記録，

表 3-14　セラミック磁性体の磁気的用途と磁性の特徴

磁性の特徴	代表的セラミック磁性体	磁気的用
軟質磁性体 （小さな磁界で大きな磁束密度が得られる）	マンガン-亜鉛系フェライト，ニッケル-亜鉛系フェライト	コア材料：コイルやトランスなどの鉄心（コア），高周波用インダクター，アンテナ，スイッチングレギュレーターなど
硬質磁性体 （強い磁界を与えていったん磁化すると磁界を取り去っても強い磁化が残る）	バリウムフェライト，ストロンチウムフェライト	永久磁石材料：プリンター，ファックス，AV 機器用小型モーター，冷蔵庫ドアの磁石付きパッキングなど
半硬質磁性体 （軟質磁性体と硬質磁性体との中間的な性質）	ヘマタイト（γ-Fe$_2$O$_3$）	磁気記録材料：磁気テープ，磁気ディスク，磁気カードなど

変圧器などとして広く利用されてきた材料は，強磁性体とフェリ磁性体
である（表3-14）。

4 セラミックスの構造

佐賀県有田で17世紀からつくられている磁器で，透き通るように白い磁肌と呉須で描いた染付けや華やかな赤絵が特徴。有田焼は磁器に分類され，陶器よりも堅く丈夫なところが特長である。

有田焼

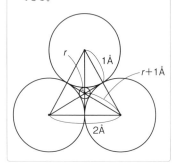
4.1　セラミックスの結晶構造

　結晶性のセラミックスにおいて，原子やイオンの3次元的な規則配列のことを結晶構造という。結晶構造とセラミックスの物性には密接な関係があり，同じ組成でも結晶構造が異なるとその物性は大きく異なる。結晶構造には，その最小単位である単位格子（unit cell）をもち，その単位格子の3次元的な繰り返しで結晶が成り立っている。単位格子では3次元の3つの方向の長さを，a, b, cと表し，そのなす角度をα，β，γとそれぞれ表すこれらの値を格子定数（lattice constant）と呼ぶ。これらの格子定数を用いることで，すべてのセラミックスを7種の単位格子の外形に分類することができ，7晶系とよぶ。さらにこれに面心構造，体心構造，一面心構造を加えると14種のブラベー格子に分類される。

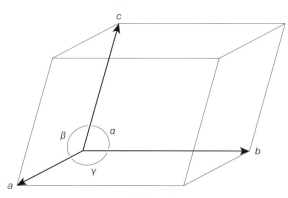

図4-1　単位格子と格子定数

　図4-2に示すように陽イオン1つの周りに陰イオンが4つある時，隣接した4つの陰イオンの中心にできる空間における陽イオンの隣接の仕方によって結晶構造の安定性が理解できる。すなわち，隣接した4

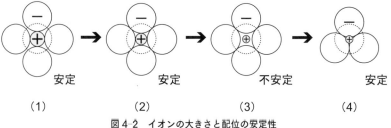

|　　安定　　|　　安定　　|　不安定　|　安定　|
|（1）|（2）|（3）|（4）|

図4-2　イオンの大きさと配位の安定性

つの陰イオンの中心にできる空間で陽イオンが密接に接触している場合には配位状態は安定で，一方，その空間の陽イオンが小さく，周りの陰イオンと接触していない場合には不安定となる。このようにイオン結合による安定な構造は，陽イオンと陰イオンとのイオン半径比によって決まる。陽イオンと陰イオンとのイオン半径比が小さい場合には小さな配位数を示し，イオン半径比が大きくなるにともない配位数は増加する。

① 3配位　　平面正三角形　　イオン半径比　0.125～0.225
② 4配位　　正四面体　　　　イオン半径比　0.225～0.414
③ 6配位　　正八面体　　　　イオン半径比　0.414～0.732
④ 8配位　　立方体　　　　　イオン半径比　0.732～1.000

セラミックスのようなイオン結晶の場合，イオン半径の大きな陰イオ

Column 1　結晶構造

　一般に，固体結晶の可能な構造はその周期性により230種類あり，表のように7種類の晶系に分類されている。この7種類の晶系はさらに，単位格子の稜の長さ，頂角，単位格子中の格子点によって，14種類のブラベー格子（Bravais lattice　空間的な対称性によって分類された結晶格子）に分類される。

表4-1　7種類の晶系と14種類のブラベー格子

晶　系	稜の長さと頂角	単純	底心	体心	面心
三斜晶 (triclinic)	$a \neq b \neq c$ $\alpha, \beta, \gamma \neq 90°$				
単斜晶 (monoclinic)	$a \neq b \neq c$ $\alpha = \gamma = 90°$ $\beta \neq 90°$				
斜方晶 (orthorhombic)	$a \neq b \neq c$ $\alpha = \beta = \gamma = 90°$				
正方晶 (tetragonal)	$a = b \neq c$ $\alpha = \beta = \gamma = 90°$				
立方晶 (cubic)	$a = b = c$ $\alpha = \beta = \gamma = 90°$				
三方晶（菱面体晶） (trigonal)	$a = b = c$ $\alpha = \beta = \gamma \neq 90°$				
六方晶 (hexagonal)	$a = b \neq c$ $\alpha = \beta = 90°$ $\gamma = 120°$				

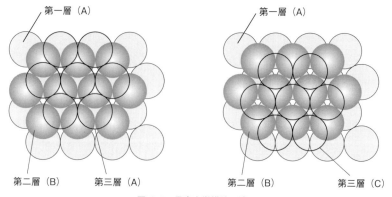

図4-3　最密充塡構造の違い

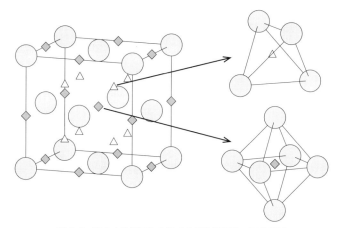

図4-4　面心立方格子における八面体隙間と四面体隙間

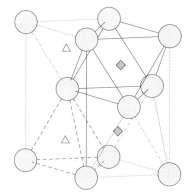

図4-5　六方最密充塡における八面体隙間と四面体隙間

ンの最密充塡構造の隙間にイオン半径の小さな陽イオンが位置する結晶構造をとると考えるとよい。この最密充塡構造には，図4-3に示したようにABAB配置による六方最密充塡（hcp構造）とABCABC配置による立方最密充塡（面心立方格子）とに大きく分けられる。いずれの構造においても6個の陰イオンで囲まれた八面体隙間と，4個の陰イオンで囲まれた四面体隙間の2種類がある。図4-4には面心立方格子（ccp構造）における八面体隙間と四面体隙間の位置を示した。ccp構造では単位格子あたり4個の八面体隙間と8個の四面体隙間が存在し，hcp構造では，単位格子あたり2個の八面体隙間と2個の四面体隙間が存在する。これらのことから，典型的な結晶構造は系統的な類別ができ，それを図4-5に示した。たとえば，ccp構造で八面体隙間に陽イオンが入り，陽イオンと陰イオンの比が1:1であれば岩塩（NaCl）型構造をとる。また，四面体隙間に陽イオンが入り，陽イオンと陰イオンの比が1:1であれば逆蛍石型構造を，陽イオンと陰イオンの比が1:2であれば閃（せん）亜鉛鉱（ZnS）型構造を，それぞれとる。一方，hcp構造では八面体隙間に陽イオンが入り，陽イオンと陰イオンの比が1:1であればヒ化ニッケル（NiAs）型構造を，陽イオンと陰イオンの比が1:2であれば　ルチル（TiO_2）型構造をとる。また，四面体隙間に陽イオンが入り，陽イオンと陰イオンの比が1:2であればウルツ鉱型構造をとる。

表4-2には，セラミックスの結晶構造における陰イオンの充てんと陽イオンの隙間配置についてまとめて示した。

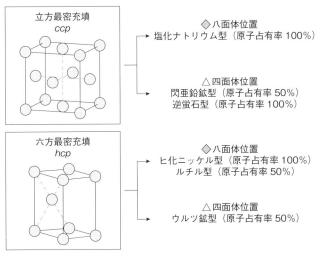

図4-6　結晶構造の系統的類別

表 4-2 陽イオン（A）と陰イオン（X）の比率の異なる結晶の充填の仕方

AとXとの比率	構造名	結晶構造	陰イオンの充填の仕方	陽イオンの位置	代表的な化合物
A:X=1:1	岩塩型構造	立方晶	立方最密充填	八面体位置の全部	NaCl, KCl, MgO, CaO, NiO, MnO
A:X=1:1	セン亜鉛鉱型構造	立方晶	立方最密充填	四面体位置の1/2	ZnS, CdS, SiC,C（ダイヤモンド）
A:X=1:1	ウルツ鉱型構造	六方晶	六方最密充填	四面体位置の1/2	ZnS, ZnO, CdS, SiC
A:X=1:1	塩化セシウム型構造	立方晶	単純立方	立方体位置の全部	CsCl, CsBr, CsI, TlCl, NH_4Cl
A:X=1:2	蛍石型構造	立方晶	単純立方	立方体位置の1/2	CaF_2, ZrO_2, CeO_2
A:X=1:2	ルチル型構造	正方晶	ゆがんだ立方最密充填	八面体位置の1/2	TiO_2, SnO_2, CuO_2, MnO_2, PbO_2
A:X=2:3	コランダム型構造	六方晶	六方最密充填	八面体位置の2/3	Al_2O_3, Cr_2O_3, Fe_2O_3
A:X=2:3	ペロブスカイト型構造	立方晶	立方最密充填	八面体位置の1/4	BaTiO_3, CaTiO_3
A:X=2:3	イルメナイト型構造	六方晶	六方最密充填	八面体位置の2/3	FeTiO_3, MgTiO_3
A:X=3:4	スピネル型構造	立方晶	立方最密充填	四面体位置の1/4	MgAl_2O_4, FeCr_2O_4
A:X=2:1	逆蛍石型構造	立方晶	立方体位置の1/2	単純立方	Li_2O, Na_2O, Na_2S

4.2 セラミックス結晶の不完全性と特性変化

すでに述べたように結晶は3次元的な規則配列をもつものであるが，このような完全結晶は，われわれが扱う温度条件下ではほとんど存在せず，さまざまな欠陥構造が結晶中に存在する。一方，このような欠陥を制御することで半導性やイオン導電性などのセラミックスの新しい特性を引きだすことができる。結晶構造中に存在する欠陥には，点欠陥（無次元欠陥），線欠陥（1次元欠陥），面欠陥（2次元欠陥）などがある。それぞれの欠陥について説明する。

点欠陥　結晶を構成している原子やイオンが本来あるべき格子点から，飛び出して空孔（□）をつくるショットキー欠陥と，格子間などの本来あるべき位置にはない位置に存在する原子またはイオンでつくるフレンケル欠陥とがある（図4-7）。ショットキー欠陥は，結晶内の電気的中性を保持するために，陽イオンと陰イオンとが同時に空格子点（空孔）をつくる。フレンケル欠陥は，陽イオンと陰イオンとのイオン半径比が大きな結晶や比較的大きな空間の存在する結晶にみられ，小さなイオンが格子間位置の準安定な位置に移動する現象である。このような欠陥は結晶中に必ず存在するが，化学組成は変化しないことから，定比性欠陥ともよばれている。また，これらを高温状態におくと原子やイオン

は点欠陥を利用して容易に移動する。これには，後でも述べるが，イオンが空孔に移動していく空孔機構と，イオンが格子間の隙間を利用して移動していく格子間間隙機構とがあり，固体の拡散反応に大きく影響する。

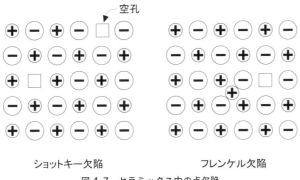

空孔

ショットキー欠陥　　　　　　　フレンケル欠陥

図 4-7　セラミックス中の点欠陥

**　線欠陥**　　刃状転位とらせん転位とがある（図 4-8）。これらの転位はセラミックスの機械的性質に密接な関係をもつ。刃状転位では，結晶構造中に余分な原子面がくさび形に入り，外部応力によってこれが移動する。また，らせん転位はある原子面にすべりが起きてらせん状のゆがんだ格子となる。

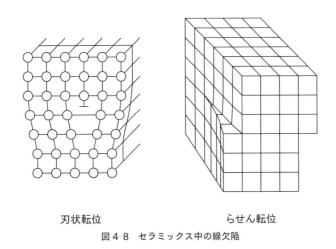

刃状転位　　　　　　　　　　　らせん転位

図 4-8　セラミックス中の線欠陥

**　面欠陥**　　結晶粒界と積層欠陥とがある（図 4-9）。結晶粒界は結晶粒どうしの境界面であり，規則正しく配列した結晶粒と結晶粒との間には，原子間結合の切断された粒界層が存在する。結晶粒界には非晶質となっている場合や多数の刃状転位が存在する場合があり，粒界構造によ

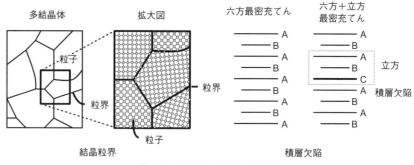

図 4-9 セラミックス中の面欠陥

ってセラミックスの特性も変化する。積層欠陥は層状化合物で起こり，その積層の積み重なりが変化したり，一部異なる層が挿入されていたりする欠陥である。たとえば，六方最密充填では –A–B–A–B–A–B– と積層していくところ，一部，立方最密充填のものが挿入され –A–B(A–B–C)A–B–A–B– となる場合がある。

固溶体 欠陥構造ではないが，化合物の組成変化が可能な結晶相である。これには，導入されたイオンが，母結晶の構造中の同じ価数のイオンと位置を交換する置換型固溶と，結晶中の格子間位置に入っても母結晶に構造変化のない侵入型固溶とがある。固溶したイオンは，ほとんどの場合，ある特定な格子点に位置せずにランダムな格子点に位置する。

4.3 セラミックス中の物質移動

セラミックスのような固体中の原子またはイオンの移動はおもに拡散（diffusion）である（図 4–10）。拡散は不均一な濃度のものが均一になっていく現象であり，その駆動力は，ある一定の温度条件下における物質の濃度差である。この拡散現象はフィックの第一法則によって説明され，物質の流速 J は濃度勾配 $\triangle c$ に比例し，物質によって決まる拡散係

直接交換拡散　　間接交換拡散　　空格子点拡散　　格子間拡散
図 4-10 物質拡散

数 D に大きく依存する。この拡散現象を利用して固相反応が行われ，AO と BO との酸化物どうしが化合して ABO_2 がえられる（図 4–11）。しかし，このときに AO および BO の拡散係数が同じならば，接触して

いるところから両方の粒子に均一に反応相が進行するが，拡散係数が異なる場合には拡散係数の小さなほうに反応相が形成される。

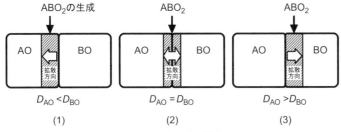

図 4-11　固相反応の模式図

　つぎにセラミックスのプロセスに必要な粒子どうしの焼結反応における物質移動について説明する（図 4-12）。焼結反応では，表面拡散，体積拡散，粒界拡散の拡散反応がおこる。表面拡散は，表面には結晶内部より多くの欠陥をもつことから大きなエネルギーをもっている。この表面エネルギーが駆動力となり，凸部から凹部へ表面を利用してイオンが

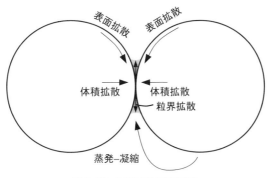

図 4-12　焼結反応の物質移動

移動する。体積拡散は結晶中の欠陥（空孔拡散，格子間拡散）を利用して物質移動が起こり，結晶成長を促進する。粒界拡散は粒界には欠陥が多く存在しているので，その欠陥を利用して内部から外部への物質移動が起こる。このほかに，粒子の凸部の表面エネルギーが高いことから蒸気圧も凹部のそれよりも高くなることから，高温下での蒸発‐凝縮によって凸部のイオンが気相を介して蒸発し，それが凹部で凝縮する物質移動もある。さらに焼結段階において反応系に液相が生じる場合には粘性流動が支配的に起こる。焼結プロセスでは，この 5 つの物質移動を制御することによってセラミックスの微構造を制御することができ，その特性を制御したり，新たな特性を見いだしたりしている。

Column 2　固体の拡散速度

　反応層の厚さ x，固相反応速度定数 k，反応時間 t とすると $x^2 = kDt$ となり，反応相の厚さ x の 2 乗は反応時間 t と拡散係数 D に比例する。すなわち，固体中でのイオンの拡散反応は意外に遅いことを意味する。そこで拡散を速やかに進行させるには，原料粒子の微細化，均一混合と高充てん化が必要となる。

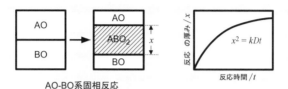

AO-BO系固相反応

拡散係数 D の違いによる固相反応の形成

　固相反応にあづかる拡散成分の速度は $\dfrac{dx/dt}{A} = D\left(\dfrac{k\,\Delta c}{x}\right)$ で表わされる。ここで ΔC は生成物の拡散成分の濃度差，A は拡散断面積である。この式を積分すると上述の放物線の式が導かれる。

Column 3　拡散反応の温度依存性

　多結晶体においては，拡散イオンは粒子内部を移動する体積拡散よりも構造の乱れの大きい粒界拡散や表面拡散のほうが容易である。図は拡散反応の温度依存性を示したものである。図から，拡散に必要な活性化エネルギーは体積拡散＞粒界拡散＞表面拡散の順に低下する。したがって，拡散係数は表面拡散＞粒界拡散＞体積拡散の関係がえられる。経験的にそれぞれの拡散の活性化エネルギーの比は体積拡散：粒界拡散：表面拡散＝4:2:1 程度といわれている。

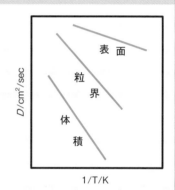

Column 4　固相反応の反応速度（Jander の式）

　図に示す簡単な固相反応モデルでその反応機構を考える。このモデルでは固相反応するためには，A または B 成分のどちらかが固体中を移動となければならない。一般的には固相反応は，界面反応よりも物質移動が律速となるので，反応層 AB の厚み x（反応成長速度）にしたがい，これは反応率 α から速度式を求めることができる。

　Jander は以下の仮定に基づいて反応速度式を導いた。

　(1) 拡散成分 A が過剰で図に示すような半径 r_B の B 粒子をとりまき，両者の界面での接触は完全で，反応は球殻状に生じる。

　(2) 拡散層の断面積は一定である。

　生成物層中の A 成分の濃度勾配（ΔcA）は直線的であるから Fick の法則により，反応層 AB の成長速度は (1) で表される。

$$dx/dt = k''(\Delta cA)/x \tag{1}$$

　濃度勾配（ΔcA）は界面 A と界面 B での A 成分の濃度差であり，これを一定として積分すると放物線式 (2) がえられる。

$$x^2 = k't \quad （実際には\quad k' = 2k''(\Delta cA)\ となる。） \tag{2}$$

　一方，反応率 α は過少成分 B を基準とすれば (3) 式が成り立ち，これを変形すれば (4) 式がえられる。

$$\alpha = [r_B^3 - (r_B - x)^3]/r_B^3 \tag{3}$$

$$x = r_B[1 - (1 - \alpha)^{1/3}] \tag{4}$$

(3) 式を (2) 式に代入すると (5) 式がえられ，この式が Jander の式といわれている。

$$(1 - (1 - \alpha)^{1/3})^2 = kt \quad ただし \quad k = k'/r_B^2 \tag{5}$$

　Jander の式は，その仮定が実際の固相反応機構を表すには，あまりにも単純すぎて無理が生じる。そのため，その後に多くの研究者によって Jander の式の改良が行われ，より実際の固相反応機構を考慮した仮定の下で反応速度式が提案されている。しかし，改良した仮定を含めていくと Jander の式はより複雑になり，ある他の条件では適合しなくなるようなケースもでてきて，それだけ固相反応機構が複雑であることを実証している。

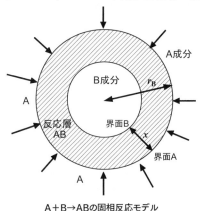

A＋B→AB の固相反応モデル

Column 5　イオン結晶の基礎

　イオン結晶の基礎として，ポーリング（Pauling）の法則は，結晶化学的な重要な考え方を示した法則である。イオン結合性の高い結晶は，陽イオンと陰イオンとの静電力によって結合し，静電的反発力が最小になるようなイオンの充てんをとる。これらの大まかなことは **4.1** で解説したが，セラミックスを結晶化学的な見地から見る場合には必要な知識である。

　（1）ポーリングの第 1 法則

　イオン結晶では，陽イオンの周りに陰イオンが配位する多面体（3，4，6，8 および 12 配位多面体）が形成され，これは陽イオンのイオン半径 r と陰イオンのイオン半径 R とのイオン半径比 r/R で決まる。これについては本文 4.1，40 頁　欄外　「配位数とイオン半径比との関係」参照すること。

　（2）ポーリングの第 2 法則

　陽イオンの電荷数をその配位数で割った値は，安定な結合では周囲の陽イオンから任意の陰イオンに影響する値の総和となり，その陰イオンの電荷の絶対値に等しくなければならない。この法則はイオン結晶の局所的な電荷はつねに電気的中性であることを示すものである。

　（3）ポーリングの第 3 法則

　安定なイオン結晶では陽イオンの周りの配位多面体は隣接する配位多面体となるべく離れようとする。この法則は配位面体を構成する陰イオンは，隣接する配位多面体の陰イオンと共有する数を減らそうとするものである。配位多面体は，面共有よりは稜共有，稜共有よりは点共有するほうが，配位多面体どうしの反発力を低減できるためである。

　（4）ポーリングの第 4 法則

　配位数が小さく，大きな電荷をもつ陽イオンが構成する配位多面体は点共有によって結合する。この法則は，2 つの陽イオンの静電的な反発力はそれらの電荷の二乗に比例するので，配位数が同じ場合には大きな電荷をもつ陽イオンは離れているほうがその配位構造の安定性は高くなる。

　（5）ポーリングの第 5 法則

　単一構造に含まれる成分数は少なくなる。この法則は，1 つの構造で陽イオンおよび陰イオンが安定的に充てんされる場合，なるべく異なるイオン半径のものや配位多面体は少ない方がよい。

5

セラミックスの製造

高純度アルミナセラミックスは汎用高性能セラミックスとして広い分野で利用されている。そのため形状や大きさは様々あり，それに対応した製造方法が開発されている。

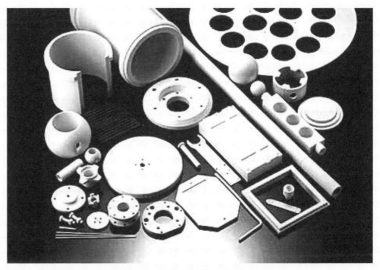

高純度アルミナセラミックス製品の外観（写真提供　太平洋セメント（株））

5.1　セラミックスの原料

　セラミックスの原料には，天然鉱物資源をほぼそのまま，または物理的・化学的方法を用いて精製した天然原料と，鉱産資源から目的成分だけを抽出したりして高純度化した合成原料とがある。前述した陶磁器，耐火物，セメント，ガラスなどの伝統的なセラミックスの製造にはおもに天然原料が，先進セラミックスの製造にはおもに合成原料が用いられる。

（1）　天然原料

　主要な天然原料を表5-1に示す。化学組成から見るとおもにシリカ質または粘土系ケイ酸塩化合物が多い。また，石灰石（$CaCO_3$）なども含まれる。これらは，ほとんど天然鉱物資源として産出され，わが国でもある程度を産出しているが，高品質の原料資源の枯渇などの理由から，海外からの輸入にたよっている。これらは中国，オーストラリア，米国などの特定の国に片寄っており，原料資源の安定供給ルートの確保や価格安定化の面から問題視されている。

表5-1　主な天然原料

原料名	主な構成鉱物	成　分	主な用途
石灰石	カルサイト（$CaCO_3$）	CaO，$CaCO_3$	セメント，建設用材料，製紙用粉体
ケイ石	石英（SiO_2）	SiO_2	ガラス，陶磁器，半導体
カオリン	カオリナイト（$Al_4(Si_4O_{10})(OH)_8$）	$SiO_2 \cdot Al_2O_3$	製紙用粉体，陶磁器，ガラス繊維
長　石	$(Na, K, Ca, Ba)Al(Al, Si)Si_2O_8$	$K_2O \cdot CaO \cdot SiO_2 \cdot Al_2O_3$	陶磁器，ガラス
ボーキサイト	ギブサイト（$Al(OH)_3$）	Al_2O_3	アルミナセラミックス，耐火物，研磨材
タルク	タルク（$Mg_3(Si_4O_{10})(OH)_2$）	$MgO \cdot SiO_2$	コーディエライトセラミックス
マグネシア	マグネサイト（$MgCO_3$）	MgO	MgOセラミックス，耐火物，鋳物砂
ジルコニウム鉱	ジルコン（$ZrSiO_4$）	$ZrSiO_4$	耐火物
チタニウム鉱	イルメナイト（$FeTiO_3$）	TiO_2	顔料原料，電子材料原料，光触媒原料
黒　鉛	グラファイト（C）	C	耐火物，炭素材料，潤滑材

（2）　合成原料

　主要な合成原料を表5-2に示す。合成原料の製造力法は酸化物系原料と，窒化物，炭化物およびホウ化物などの非酸化物系原料とで大きく異なる。酸化物系原料の場合には，おもに，① 粉体どうしを混合し高温で反応させる固相混合法，② 目的成分を溶かした溶液から過飽和度

表5-2 主要な合成原料

原料名	化学式	製造法	粒径／μm	主な用途
シリカ	SiO_2	気相法	0.01〜	ガラス，充てん材，吸着剤，半導体
アルミナ	Al_2O_3	沈殿法，ゾルゲル法	0.1〜40	切削工具，機械部品，研磨材，IC基板，触媒担体
ジルコニア	ZrO_2	沈殿法	0.3〜5	切削工具，機械部品，顔料，耐火物
マグネシア	MgO	沈殿法	0.01〜150	耐火物，MgOセラミックス
チタン酸バリウム	$BaTiO_3$	固相混合法	0.1〜1.5	電子材料（PTCなど）
二酸化チタン	TiO_2	沈殿法	0.1〜1.5	光触媒，白色顔料
ムライト	$Al_6Si_2O_{13}$	ゾルゲル法	1〜	耐火材料，高温治具
スピネル	$MgAl_2O_4$	固相混合法	0.1〜	耐火物
水酸アパタイト	$Ca_{10}(PO_4)_6(OH)_2$	沈殿法	0.1〜10	生体材料，骨充てん材
窒化ケイ素	Si_3N_4	直接窒化法	0.3〜10	機械部品，構造材料，摺動材料工具
窒化アルミニウム	AlN	還元窒化法	1〜	高熱伝導性基板，放熱材量
窒化ホウ素	BN	還元窒化法	0.1〜200	固体潤滑材，超硬材料
炭化ケイ素	SiC	還元炭化法	0.03〜5	耐火物，発熱体，半導体製造装置用治具
炭化タングステン	WC	直接炭化法	0.7〜10	超硬材料
ダイヤモンド	C	高圧高温法	—	超硬材料

を利用して沈殿生成反応により原料をえる水溶液反応法，③ アルコキシドなどの有機金属原料を加水分解して微粒子をえるゾルゲル法，などが用いられる。一般に先進セラミックス用の原料粉体には，その粒径が小さく，純度が高く，高品質な原料が望まれる。しかし，その要望が高くなるにともない製造方法も高度化し，さらに製造コストも高くなる。合成原料では，今後も高純度化（3〜6N*（ナイン）），ナノサイズの微細な原料粉体の大量生産化が必要となっていく。

　一方，非酸化物系原料の場合，窒化物，炭化物，ホウ化物などが中心的な原料となる。この場合，① 単体の粉体を雰囲気調整しながら高温で反応させる気相固相反応法，② 高温で気相成分が反応することにより目的物を合成する気相反応法，③ 酸化物粉体を高温でおもに炭素を用いて還元させながら反応させる還元法，などがある。

　一般にセラミックス原料の粒子形態は等粒状であることが望まれるが，板状や針状など異方性の大きな形態の原料も製造されている。とくに針状や繊維状の原料はセラミックスとの複合化（FRC）だけでなく，高分子材料や金属材料との複合化（FRPまたはFRM）にも用いられている。

＊N（ナイン）は製品の純度を表す。Nの前の数字は9の数を示し，2Nは純度99％，6Nは純度99.9999％を表す。

その製造方法には，水溶液中である特定な結晶面だけを成長させる方法やゾルゲル法など溶液から繊維状高分子前駆体を製造する方法などがあり，さまざまなウィスカー（針状・テープ状の単結晶），多結晶およびガラス質の繊維が製造されている。

　最近では，資源の確保および元素戦略などにおいて，セラミックス原料のケミカルリサイクルが進められ，とくに希少元素（レアメタル）のリサイクルについては資源のない日本では急務となっている。さらに希少元素をもちいるセラミックスでは，希少元素に代わる代替元素についての研究も進められている。

5.2　多結晶体セラミックスの製造プロセス

（1）　プロセスの概要

　セラミックスの中で多くを占める多結晶体セラミックスの製造プロセスの概要を説明する。多結晶体セラミックスは，まず，各種の原料粉体の調製を駆使して最適な原料粉末を調製し，その粒度を揃えて顆粒化し，それを的確な方法で所望の形に成形して成形体とする。えられた成形体はそれを構成する粒子と粒子とを融着させる焼結工程を経て多結晶セラミックスになる。このように多結晶セラミックスは大きく分けて「原料調製」，「成形」，「焼成」の工程を経て製造され，この工程は伝統的なセラミックスである土器，陶磁器，耐火物などとほとんど変わらない（陶磁器では施釉工程などが入る）。

（2）　セラミックスの粉体合成法

*液相法で生成する粒子形態を制御する因子として，過飽和度の他に粒子の析出速度も関係する。すなわち，多数の結晶核から急激に結晶成長が起こると，比較的不定形状の粒子が生成し，小数の結晶核から急激に結晶成長が起こると，球の中心から針状または板状の結晶が放射状に成長した球状結晶になる。一方で，少数の結晶核からゆっくりと結晶成長が起こると，結晶構造に関与する自形結晶が生成しやすい。

　液相法は，液相中に存在する金属イオンを水酸化物，炭酸塩，シュウ酸などの難溶性物質として沈殿させ，これらを加熱し酸化物の原料粉体を調製する方法である*。固体を混合・焼成する固相反応法と比べて微細な粉体が得られ，また純度も高いものが得られることから広範囲に利用されている。ここでは主に液相合成を中心として述べる（表5-3）。

　溶液中に溶解している目的イオンを沈殿させるには，初期濃度，温度，pHなどの条件を変え，溶媒を除去することによって過飽和状態にする必要がある（図5-1）。すなわち，沈殿生成は過溶解度曲線を越えた不安定域で結晶核が発生し，過溶解度曲線と溶解度曲線との間の領域で結晶成長が起こるためである。また，粒子径の小さな沈殿物を生成させるためには，不安定域の濃度を高くして一気に多くの結晶核を発生させる。一方，大きな結晶を生成させるには，不安定域の濃度を低くし，過溶解度と溶解度の間の領域を保つようにすることで，結晶成長が促進され結晶外形を示す大きな粒子が得られる。

表5-3 主なセラミックス原料の液相合成の一例

反 応	方 法	基本的な原理	例
水溶液反応	イオン反応	水溶液どうしの反応により無機塩を沈殿させる。その沈殿を熱分解する場合もある。	フェライト，チタン酸バリウム，ハイドロキシアパタイト
	加水分解法	水溶液中で原料を加水分解させて水酸化物をえる。その水酸化物を熱分解する場合もある。	α-アルミナ，γ-酸化鉄，チタニア
	均一沈殿法	反応系に尿素を入れ，尿素を加熱分解し沈殿をえる。	炭酸カルシウム，ハイドロキシアパタイト
	エマルジョン法	反応系に界面活性剤等を入れて，球状液敵の反応場で沈殿をえる。	チタニア，シリカ
	アルコキシド法	金属アルコキシド原料を加水分解させて水酸化物をえる。その沈殿を熱分解する。	チタニア，ジルコニア，ムライト
	ゾルゲル法	本文中を参照（p.56）	シリカ，アルミナ
	錯体重合法	本文中を参照（p.58）	YBCO系化合物
水熱法	水熱合成法	100℃以上の飽和水蒸気圧下で沈殿生成または結晶成長させる。	ハイドロキシアパタイト，フェライト，ジルコニア
液相からの急激な沈殿析出法	噴霧熱分解法	二流体ノズルまたは超音波発生器等により，液相を霧化し，その液敵を化学反応，熱分解して沈殿をえる。（→噴霧乾燥法）	フェライト，チタニア，ジルコニア，アルミナ，ハイドロキシアパタイト，PLZT
	凍結乾燥法	溶媒を冷却し過飽和状態で沈殿形成した後，さらに溶媒を固相になるまで冷却し，そのまま減圧して昇華させる。（→溶媒乾燥法）	フェライト，PLZT，アルミナ，スピネル

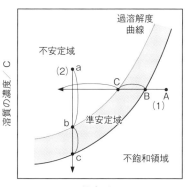

(1) 反応温度を下げる場合
(2) 化学反応によって沈殿生成する場合

図5-1 溶解度曲線

(1) 溶質を加熱して溶解しておき（A），温度を下げていくことで結晶生成する場合，A-B間は不安定域なので沈殿生成は起こらない。さらに冷却しB-C間では飽和状態になるが，過飽和の状態で，核などを加えない限り結晶生成は起こらない。この領域を不均一核生成領域という。さらに冷却しCよりも温度が下がると自発的に核発生が起こり，沈殿生成する。この領域を均一核発生領域という。

(2) 過飽和領域で化学反応するとすぐに核発生が起こる（a）。その核発生に利用されるため溶質濃度は低下する（a–b間）。やがてb以下に溶質濃度が低下すると核発生よりも結晶成長が律速になる（b–c間）。さらに結晶成長によって溶質濃度は低下し，不飽和領域になる。この不飽和領域では核発生も結晶成長も起こらない。

ここで，結晶核の発生とは，新たに固液界面が生成する反応と見ることができる。そのため，小さな粒子が生成する際には，その系の自由エネルギーは増加することとなる。液相から結晶核が生成し固相が形成する際の自由エネルギー変化は，界面が生成することによる自由エネルギー変化に加え，体積自由エネルギー変化と固相が新たに生成することによるひずみ自由エネルギー変化の和になる。このとき，ひずみ自由エネルギーは，固相から固相の場合には無視できないが，液相から固相の場合は無視できる。そのため，生成する結晶核を半径 r の球状粒子と仮定した場合，相転移による全自由エネルギー変化は次式で表される。

$$\Delta G = \frac{4}{3}\pi r^3 \Delta G_v + 4\pi r^2 \gamma \tag{5-1}$$

ここで ΔG_v は単位体積あたりの体積自由エネルギー変化，γ は液相と固相の界面の単位体積あたりの界面エネルギーである。この式を図示すると図5-2のようになる。非常に小さい粒子が生成している場合，第2項が支配的となる。安定な核よりも小さな粒子であるエンブリオの粒子径が増加するにしたがって，それを形成する第2項の自由エネルギーも増加する。しかし，さらに成長していくことで，第1項の体積自由エネルギー変化が支配的となり，全自由エネルギー変化は低下し，系は安定化することとなる。このとき，全自由エネルギー変化は極大値を有し，この障壁を乗り越える必要がある。この障壁に対応する粒子の半径を臨界半径（r^*）とよび，全自由エネルギー変化の式を r について微分することで求めることができる。

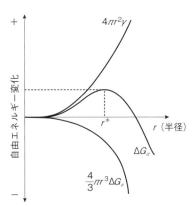

図5-2 核形成に伴う自由エネルギー変化

ゾル-ゲル法とは，図5-3に示すように"溶媒中の目的イオンを加水分解反応や重縮合反応によってゾル化し，その後，溶媒量を減少させて得られるゲル状物質を加熱し生成物を調製する"方法である。その特徴は微細な高純度な生成物が比較的容易に得られるためにその利用範囲は

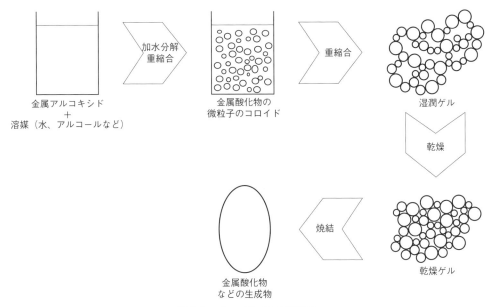

図5-3 ゾルーゲル法の反応過程

広い。

　ここでは，金属アルコキシドの加水分解反応，重縮合反応について概説する。4価の金属原子を有する金属アルコキシドの基本構造を図5-4に示す。金属アルコキシドは，金属原子にR＝CH_3，CH_2CH_3，CH_2(CH_3)$_2$などのアルキル基が酸素原子を介在して結合している（アルコキシ基）。金属原子に直接アルキル基が結合している化合物は反応性に乏しいが，アルコキシ基を有する金属アルコキシドは水分子と反応し金属酸化物を生成する。このとき，酸と塩基が触媒として働く。それぞれの反応機構を図5-5に示す。まず，酸を触媒としたときを考える。溶媒中に多くのプロトンが存在する。このプロトンが求電子的にアルコキシ基の酸素原子に付加する。それにより金属原子に水分子のOHが求核的に付加し，ROHとしてアルコキシドから離れる。この加水分解過程により，金属原子に水酸基が結合したアルコキシドが生成する（図5-5（a））。また，重縮合過程は，加水分解と同じくプロトンが求電子的にアルコキシ基に攻撃した後，水分子に代わり，加水分解された別のアルコキシドが求核的に攻撃することにより進行する（図5-5（b））。このとき，重縮合反応が律速段階となる。重縮合反応の機構から，直線状の生成物が形成しやすい。一方，塩基性領域の溶液では，溶媒中にOHが存在する。このOHが直接，金属原子に求電子的に攻撃することで加水分解反応が進行する。加水分解によりアルコキシ基が水酸基になった後，重縮合反応が進行する。このとき，加水分解反応が律速段階となる。また，重縮合反応に方向性は無いことから，3次元網目構造を形成

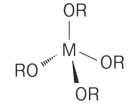

図5-4 4価の金属原子を有する金属アルコキシドの構造
（R＝CH_3，CH_3CH_2，CH_2(CH_3)$_2$など）

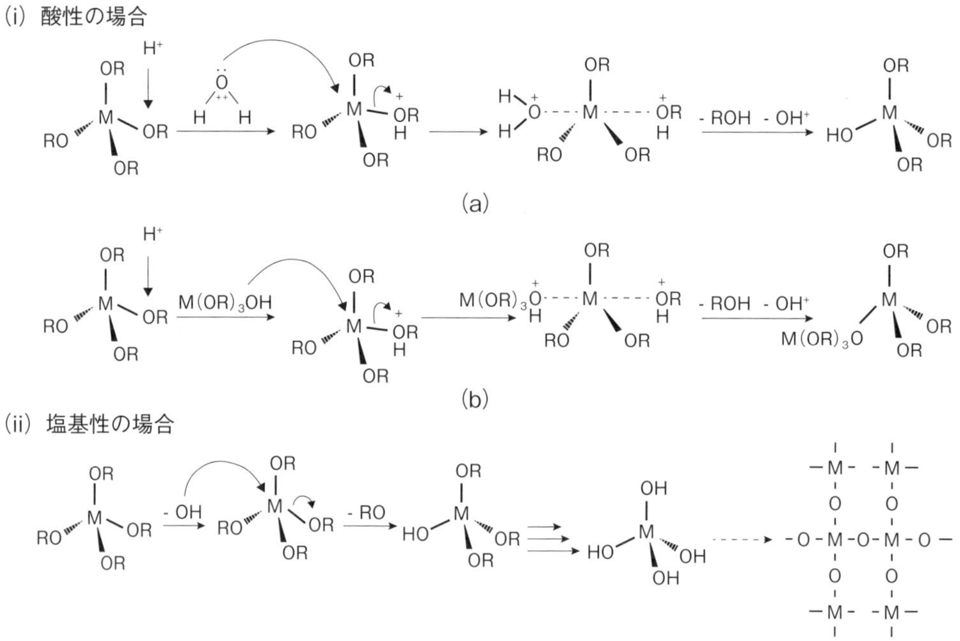

（i）酸性の場合

(a)

(b)

（ii）塩基性の場合

図5-5 金属アルコキシドの反応機構

しやすい。金属アルコキシドの反応性は，アルコキシ基側と金属原子側の因子により決定される。Rの分子量がアルコキシ基の因子となる。分子量が大きくなることでアルコキシ基の官能基の嵩が大きくなり，反応性が低下する（構造阻害）。一方，電気陰性度と原子半径が金属原子側の因子となる。電気陰性度が小さく，原子半径が大きいほど，加水分解が促進されることとなる。

　一方，この合成反応とまったく逆の脱水反応によってゲル状物質を得る方法が錯体重合法である。金属イオンを錯形成し，その錯体中に存在するカルボン酸，水酸基などを加熱によって脱水縮合し，金属イオンを配位した高分子ゲル状物質を調製する方法である。

$$R\text{-}COO^- + M^+ \longrightarrow R\text{-}COOM（錯形成）$$

$$R\text{-}COOH + R\text{-}OH \longrightarrow R\text{-}COO\text{-}R + H_2O（脱水縮合反応）$$

（3）成形工程

　セラミックスの成形方法としては，鋳込み成形（slip casting）や加圧成形（pressing），さらにはテープ成形（tape casting）などが知られている。なかでも最も簡便な方法が一軸加圧成形法である。

　一軸加圧成形法とは，金型に入れた原料粉末に圧力を加えて成形する方法である。その工程を図5-6に示すが，(a)のように下パンチと金型を固定して粉を入れて加圧し(b)，上パンチをはずして(b)，(c)のようにダイを下げて成形体を取り出す方法である(d)。しかし，一定方向からの加圧であるために，成形体の充填度は場所によって異なる。

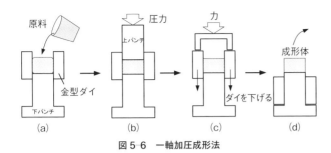

図 5-6　一軸加圧成形法

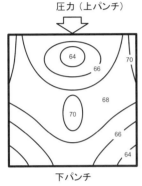

下パンチ

図 5-7　一軸加圧による成形体の充填度

図に示すように一軸方向の金型成形だけでは，成形体の密度に分布が生じ，均一で緻密な焼結体はえられにくい。成形体の密度を均一化するには，微粉体を 50〜100 μm 程度の顆粒状造粒体にして充てんするか，工程は増えるが成形体の全体に均一な圧力を加える CIP（冷間静水圧プレス）を行う。

その一例を図 5-7 に示す。このような圧力のばらつきは加圧前の粉末が均等に詰まっていないために生じる。この充填性の異なる成形体を焼成しても均一な焼結体はえられない。均一な成形体をえるには，流動性に優れる粉末を用いる必要がある。そのため粉末は微粉体をポリビニルアルコール（PVA）などのバインダーを用いて造粒して顆粒化することが望ましい。顆粒化することによって成形密度は向上するため，えられた焼結体の密度は均一になり，さらにはその密度も向上する。さらに均一な成形体をえるには，一軸加圧成形法と冷間静水圧成形（CIP）法との併用がある。一軸加圧成形でえられた成形体を，ラバーなどで密封し冷間静水圧によって再度成形する。これによって静水圧の均一な圧力が加えられた成形体をえることができ，その充填性は向上する（図 5-8）。

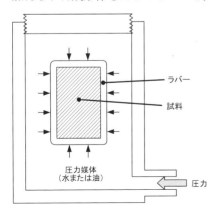

1 次成形した成型体をラバー容器などに入れ，それを水または油を媒体とした圧力容器内で高圧をかけ，成型体全体に均一な圧力がかかるようにする。

図 5-8　冷間静水圧プレス（CIP）

材料形態はタブレット状や円柱状の単純な形状だけではない。先進セラミックスで複雑な形態を作成する方法に射出成形法がある。図5-9(a)に示すように高分子材料の成型法であり，金型に可塑性のある原料を射出する方法である。この原料は目的とするセラミック原料粉体と熱可塑性樹脂との混合体である。この原料の粘度は，原料粉体と熱可塑性樹脂の量および温度によっても大きく変化し，金型への充填には原料の可塑性を整える必要がある。また，この方法には，多くの有機物が原料内に加わるので加熱時の揮発成分も多く，収縮率も大きい。

棒状やハニカム状などの特定な形状を大量に作成する方法として押出成形法がある（図5-9(b)）。

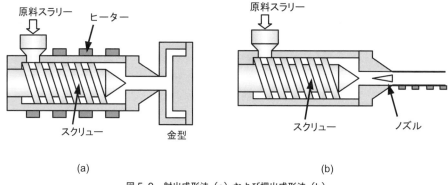

(a)

(b)

図5-9 射出成形法（a）および押出成形法（b）

IC基板や積層コンデンサに代表される積層セラミックスは，テープ成形法によって作製した厚膜を利用している。ここでは，テープ成形法の代表であるドクターブレード法（doctorblade process）を説明する。その概要を図5-10に示す。スラリーは一定速度で動く下部のキャリアフィルム上に形成され，その厚さはブレードの隙間によって調整される。このスラリーは原料粉体と可塑剤や溶剤などの有機物質との混合体であり，この粘度を調整することによって適切にテープ状に成形できる。近年，環境保護の観点から溶剤に水が利用され，結合剤・可塑剤もそれに対応するものが利用されている。しかし，有機溶剤に比べて水の表面張

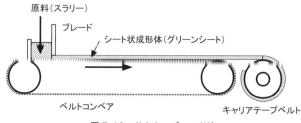

図5-10 ドクターブレード法

力は大きく，水中に原料粉体を均一に分散させる技術が重要となっている。

（4） 焼結工程

　セラミックスの本来の意味には，「焼き固める」という意味がある。多結晶セラミックスの製造工程の中で，その特性を左右するもっとも重要な工程である（図5-11）。高温条件下でセラミック原料の粉体粒子が互いに接触すると，接触していた粒子どうしが次第に接触面積を増やし，時間とともに収縮を起こして焼き固まっていく状態を焼結という。焼結現象は化学反応ではなく，固体の表面や界面を減少させる物理現象である。

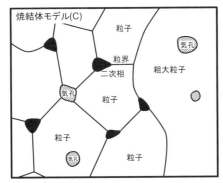

図5-11　セラミックスの焼結体（多結晶体）の微構造モデル

　焼成によって焼結体の微構造は大きく変化するので，この全過程を1つのモデルで記述することは困難で，初期，中期，後期の3段階に分けてモデル化して表現している（図5-12）。

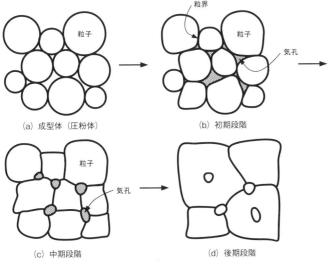

図5-12　焼結体の微構造変化

　　初期段階：粒子の接触（粒界）面積が粒子の断面積の 20% まで急激に増加（これをネック成長という）する段階をさす。ネック部では，すでに述べた固体の拡散反応によって物質移動が起こり，粒子間隔が狭くなり，粒子同士が次々と合着していく。しかし，ネックのくびれが深いので粒界は移動しない。この初期段階では体積収縮がもっとも大きく見られるのが特長である。

　　中期段階：気孔が粒子の稜に沿った円筒状で，記述できる焼結密度が理論密度の 60% から 95% の段階をいう。ネックのくびれは浅くなるので粒界は小さい粒子の中心に向かって移動し，小さい粒子は小さくなり大きい粒子はより大きくなる（これを粒成長という）。一方，焼結体中にある気孔は開気孔へ移動してやがて消滅する。しかし，多数の粒子が接合した部分では気孔は移動できずに残り，そのまま閉気孔となる。

　　後期段階：粒子の角に分かれて孤立した気孔が消失する焼結密度が 95% 以上の段階をいう。後期段階では小さな閉気孔は次第に収縮していくが，大きな閉気孔はさらに閉気孔が集まってより大きな閉気孔となる。また，大きな粒子は小さな粒子を併合して粒成長を起こす。この場合，不均一な部分的粒成長を異常粒成長という。

　　焼結密度 100% に近い均一な微細結晶で構成された多結晶セラミックスをえるには，この焼結モデルの初期段階と中期段階の物質移動，焼結挙動を制御することが重要となる。

　　図 5-12 からわかるように焼結により表面積が減少し，粒界面積は増加する。すなわち，焼結は，粒子表面に蓄えられた表面自由エネルギーの一部を粒界自由エネルギーとして蓄えながら，残りのエネルギーをネック表面の周囲の原子をその表面まで拡散させてネック成長やち密化を起こす現象である。一方，粒成長は粒界自由エネルギーを消費（粒界面積を減少）しながら進む物質移動である。焼結を進行させる物質移動については 4.3 の項で示した。焼結を進行させる物質移動には，①体積拡散機構，②粒界拡散機構，③表面拡散機構，④蒸発－凝縮機構，⑤流動機構がある（図 4-12）。これらの経路の中で，①，③と④は原子が粒子表面からネック表面へ拡散する経路である。この物質移動では，ネックは成長するが粒子の中心間距離は変化しないのでち密化しない。その結果，焼結体の機械的強度はあまり増加しないので，多孔体などの孔を利用した特殊な用途以外の焼結体の製造では好ましくない。そのほかの経路は粒界や粒内からネック表面への物質移動経路であり，この物質移動でネック成長とち密化とが同時に進行する。一方，流動機構はガラスなどの粘性の小さい物質で起こる。通常，セラミックスの焼結では体積拡散機構または粒界拡散機構で進行する。

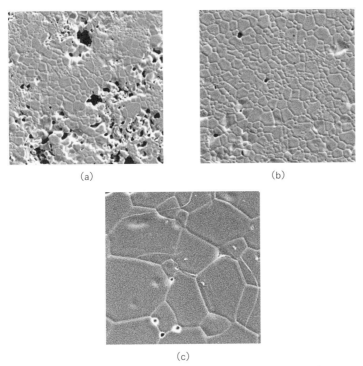

図 5-13　リン酸三カルシウムセラミックス微構造の電子顕微鏡写真

(a) は焼結の初期段階で焼結が進行しなかったため気孔が残り，緻密化していない焼結体の微構造である。(b) は焼結の初期および中期段階で焼結が積極的に進行してほとんど気孔が残らず，緻密化した焼結体の微構造である。(c) は焼結の後期段階で焼結した粒子がさらに粒成長した微構造である。

　図 5-13 に β-リン酸三カルシウム焼結体の電子顕微鏡写真を示した。

　焼結性を調べるためには，ネックの成長速度あるいは粒子間の収縮速度を評価する。モデル実験では大きい粒子を用いて実験するのでネックの直径や粒子間の収縮率を測定できる。しかし，実用粉末は 1 μm 以下であるので，それらの測定は困難で比表面積の減少速度や圧粉体の収縮速度を測定することが多い。

$$\frac{\Delta L}{L_0} = \left(k_1 \frac{rDt}{r^q} \right)^n \tag{5-2}$$

ここで，k_1 は比例定数，ΔL は圧粉体の収縮量，L_0 は圧粉体の厚さ，r は粒子の平均粒径，D は拡散係数，t は焼成時間，n と q は焼成機構で異なる定数である。体積拡散機構の n は 2，粒界拡散のそれは 3 である。q は体積拡散では 3，粒界拡散機構では 4 である。式から，粒子径が 1/10 になると焼結速度は 10^3 から 10^4 も速くなることがわかる。材料の高機能化には高純度原料を必要とする。高純度化による拡散係数の低下を原料粉末の微粒子化で補うことができる。また，多結晶セラミックスの原料粉体は微細粒子であることが必要となる。

　セラミックス原料粉体の調製方法によってその焼結性が異なる。低温でち密化するほど製造コストが経済的であり，粒子径が小さく実用的に優れた機能を発現するので，焼結が容易（易焼結性）な原料粉体をつくる研究が進められている。一般に球のように均一に充てんして粒子間に大きい空隙をつくらず，しかも微細な粉末ほど焼結性に優れている。

　主成分のイオンと価数が異なるイオンは欠陥を大量に発生するので，そのイオンを含む化合物を添加すると物質移動性が高められ，焼結性を改善できる。工業的には材料の特性を損なわずに焼結性を改善できる添加剤（焼結助剤）を利用するのが一般的である。

① 普通焼結：粉体を圧縮して成形体を製造したのち，大気圧雰囲気，高温で焼結する方法をいう。

② 加圧焼結：焼結中に加圧するとち密化が非常に促進する。金型に原料粉末を入れてパンチで圧縮してち密化を促進するホットプレス法やカプセルに入れた粉末や焼結体を高温でガス圧による静水圧でち密化を促進する熱間静水圧成形（HIP）法などがある（図5-14）。

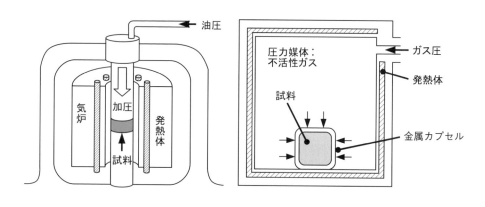

(a) ホットプレス　　　　　　　　　(b) HIP
図5-14　ホットプレス（a）および熱間静水圧プレス（HIP）（b）

ホットプレスは一軸加圧しながら加熱して焼結体をえる。熱間静水圧プレスは不活性ガスを加圧媒体として焼結体に均一に圧力がかかるようにして加熱し焼結体をえる。いずれも加圧しながら焼結させるので気孔の少なく密度の高い焼結体をえることができる。

③ 反応焼結：難焼結性の非酸化物系の焼結に用いられている。たとえば炭化ケイ素(SiC)のようにSi成分とC成分とを反応させると同時にち密化する焼結法である。

5.3 単結晶セラミックスの製造プロセス

単結晶セラミックスは，多結晶セラミックスとは異なり粒界をもたず，バルク全体が1つの結晶で構成されている。このように大きな結晶を製造する場合，たとえば，原料物質を加熱して溶融後，冷却すると液体から固体となって析出する。この固体の状態は冷却速度によって異なり，急冷した場合にはガラス（非晶質物質）として，ゆっくり冷却した場合には結晶として生成する。さらにその冷却速度を極端に遅くした場合には結晶成長が顕著になり，最終的にはバルク全体が1つの結晶構造で構成された単結晶（single crystal）がえられる。単結晶セラミックスを製造する場合には，すでに示した多結晶セラミックスを製造する場合とは異なり，融液から固化する冷却条件が重要なポイントになる。このような融液固化による方法以外でも単結晶セラミックスは製造でき，それらを表5-4に示す。以下にこれらのなかでも代表的な単結晶セラミックスの製造方法について，その概要を説明する。

表5-4 単結晶セラミックスの製造方法

大　別	方　法	化合物	用　途
液相成長	水溶液法	KH_2PO_4(KDP)	音響素子，光変調素子，光回路材料
	水熱合成法	SiO_2(水晶)	振動子，光回路材料
融液成長	ベルヌーイ法	Al_2O_3	窓材，軸受
	フラックス法	$KTiOPO_4$(KTP)	波長変換素子
		LiB_3O_5(LBO)	波長変換素子
	回転引き上げ法（チョクラルスキー法）	Al_2O_3	基板
		$LiNbO_3$(LN)	光変調素子，SAW素子，周波数変調素子
		$Bi_4Ge_3O_{12}$(BGO)	シンチレーター
		$Y_3Al_5O_{12}$(YAG)	固体レーザー
	ブリッジマン法	NaCl	光回路材料
		NaI	シンチレーター
		CaF_2	光回路材料
	浮遊帯溶融法（FZ法）	Si	基板
		TiO_2	光回路材料
気相成長	CVD	C(ダイヤモンド)	基板
	化学輸送法	フェライト	磁石
固相成長	超高圧合成法	C(ダイヤモンド)	砥粒

回転引き上げ法は，原料を加熱溶融させ，その溶融部分から種結晶をゆっくりと上部方向に移動させることによって単結晶を成長させる方法である（図5-15(a)）。この方法は溶融のためのるつぼを使用すること

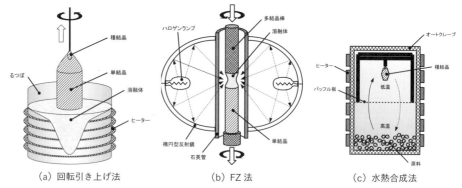

（a）回転引き上げ法　　　　（b）FZ 法　　　　（c）水熱合成法

図 5-15　単結晶セラミックスの製造装置

から，るつぼからの不純物の混入がさけられないため，高純度を求められるような単結晶の合成にはあまり向かない。

　シリコンウェハーとして IC 基板等に利用されているシリコン単結晶体の製造方法としては浮遊帯溶解法（FZ 法）が一般的である（図 5-15(b)）。FZ 法は，焼結によって作製したシリコン多結晶体の端部を赤外線や高周波誘導によって集中加熱して溶融させ，その溶融部分をゆっくりと移動させることによって多結晶体から単結晶を成長させる方法である。FZ 法は，溶融のためのるつぼ等の容器を使用しないことから，容器からの不純物の混入がないなどの利点をもつ。また，比較的結晶成長速度が速く，高純度化も容易であることから，FZ 法で製造される単結晶セラミックスは多い。また，ベルヌーイ法も容器を利用しない単結晶セラミックスの合成方法の 1 つであり，ルビーやサファイアなどアルミナ（α-Al$_2$O$_3$）を主成分とする高温合成が必要な宝石などの製造に用いられている。

　水熱合成法は，オートクレーブ中の高温高圧の水蒸気雰囲気下において目的とする結晶を成長させる方法である。古くから水晶振動子などに用いられる水晶（SiO$_2$）の単結晶合成に利用されてきた。常温常圧下では溶解度が小さい水晶でも高温高圧下では溶解度が大きくなることを利用して種子結晶を大きな単結晶体に成長させる方法である。その製造には図 5-15(c) に示すような超硬合金（ステンレス鋼，クロムモリブデン鋼，ハステロイ）でつくられた耐熱耐圧容器が用いられる。オートクレーブ内には水酸化ナトリウムなど希アルカリ水溶液を入れ，種結晶のある上部温度を約 300℃，原料のある下部温度を約 400℃ に加熱し，圧力は 140 MPa 程度に達する。このような条件下で，下部の SiO$_2$ 飽和溶液は熱対流と温度差によって上部で過飽和状態となって種子結晶上に析出・成長する。

5.4　薄膜セラミックスの製造プロセス

　材料の表面改質および複合化は，その材料特性に大きく影響する。金属材料，セラミックス材料さらには高分子材料の表面上へのセラミックス薄膜の調製は多くの材料分野で注目され，このようなセラミックスの薄膜化技術が重要なプロセス技術となっている。薄膜作製法には表5-5に示すように多くの種類がある。

表5-5　各種セラミックス薄膜の調製方法

反応場	成膜原理	作製方法
気　相	物理的堆積（PVD）	真空蒸着（抵抗加熱，電子ビーム）
		スパッタリング（直流，高周波，マグネトロン）
		レーザーアブレーション
	化学的堆積（CVD）	熱 CVD（MOCVD）
		光 CVD
		プラズマ CVD
液　相	化学反応による堆積	ゾルゲル法
		熱分解法
		Langmuir-Blodgett 法
	電気化学的堆積	電気泳動法

　薄膜形成には原料を反応させる反応場が気相と液相に大別される。気相を反応場として利用したものはさらに物理的気相蒸着法（PVD：physical vapor deposition）と化学的気相蒸着法（CVD：chemical vapor deposition）とに大別される。PVD 法には，真空蒸着法，スパッタリング法がある。真空蒸着法は固体を真空中で加熱することにより蒸発させた粒子を基板上に堆積させる方法であり，スパッタリング法やレーザーアブレーション法は原料固体（ターゲット）にイオンやレーザー光を衝突させ，表面から放出される原子や分子を基板上に堆積させる方法である。一方，CVD 法は気化した原料化合物が熱分解，酸化，還元などの化学反応を経て，基板上に薄膜として凝縮する方法である。化学反応を進行させるためのエネルギー源の違いによって熱 CVD，光 CVD，プラズマ CVD などがある。代表的な CVD 法である熱 CVD 法の概略図を図5-16に示す。まず，原料化合物が反応場である基板表面近傍まで運ばれる。このとき，運ばれる段階で反応活性種となり基板上ですぐに反応する場合もあるが，ここでは基板上で反応が進行した後，反応後に不要となった化合物が除去される系を考える。まず，原料化合物が基板に吸着する。このとき，吸着した後に脱着する場合もある。そのため，基

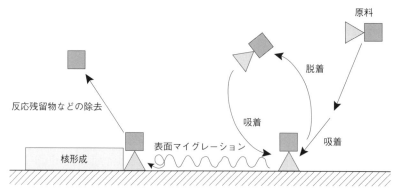

図 5-16　熱 CVD 法の概略図

　板上において原料化合物の吸脱着が起こることとなる。基板上の核に吸着した原料化合物はそのまま反応し生成物となるが，核から離れた場所に吸着した原料化合物は基板上においてマイグレーションにより核近傍まで移動する。そこで核と反応することで基板上において結晶成長が起こり，生成物により薄膜が形成することとなる。一般的に気相を反応場とした場合，大面積な基板上に高品質な製膜が可能であるという特徴を有するが，基板上における原料化合物の反応速度とマイグレーションのバランスが均一な薄膜を調製するうえで重要となる。

　液相を反応場とした場合，化学反応と電気化学反応とに大別される。ゾルゲル法による薄膜合成法は，金属塩，金属有機化合物などから生成するゾル（sol）をゲル（gel）化して薄膜をえる方法であり，組成制御と複合化が容易である。また，親水基と疎水基をもつ有機化合物を単分子層で基板の表面に配列堆積させる方法に Langmuir-Blodgett 法がある。そのほか，溶媒中に分散させた酸化物微粒子を電場によって基板に堆積させる電気泳動法などがあり，これは複雑な形状のものにも対応できる。

　セラミックスの薄膜は，原子状の粒子が基板上に堆積するという特長をもつ。そのため，セラミックスの焼結温度より低温度での合成が可能である。また，熱力学的に非平衡な材料の堆積も可能となり，焼結反応ではできない多層化や複合化などもでき，複雑な層組成および構造をもつものが製造できる。さらに基板の原子配列を受け継いだ形で結晶成長させるエピタキシャル成長を起こさせ，ある特定な結晶面だけを配向成長させることもでき，特定な機能をさらに引き出すこともできる。

　セラミックス薄膜の応用例を表 5-6 に示す。

表 5-6　各種セラミックス薄膜の応用例

材　料	機　能	用　途
In_2O_3–SnO_2(ITO)	導電性，透明性	透明性導電膜
γ–Fe_2O_3	強磁性	磁気記録媒体
SnO_2	導電性	ガスセンサ
ZnO	圧電性	SAW フィルター
(Pb, La)TiO_3(PLT)	焦電性	赤外線センサ
Pb(Zr, Ti)O_3(PZT)	強誘電性	不揮発メモリー
ZnS:Mn	無機 EL	FPD の発光素子
TiO_2	親水性	親水性ミラー
SiO_2	屈折率	光学膜
SiC	高硬度	耐食性膜
TiN	高硬度	耐摩耗性膜
C ダイヤモンド	高硬度	耐摩耗性膜
$Ca_{10}(PO_4)_6(OH)_2$(HAp)	生体親和性	生体材料
$Ca_3(PO_4)_2$(TCP)	生体親和性	生体材料

Column　焼結と粒成長

　焼結（sintering）とは，小粒子どうしが接触して接合部を次第に成長させ，ついには併合して大粒子になるプロセスである。粒子表面の構成成分の蒸気圧が低い場合，その成長速度は粒子間接触部（粒界）を通して構成成分が拡散する速度に律速となる。とくに焼結初期段階においては，粒子の変形を解析すれば容易に焼結機構の情報がえられる。この場合の成分の拡散の原動力は，粒子内部，表面，粒界の空孔濃度差に起因する。すなわち，焼結初期段階においては，粒子表面の曲率半径は小さく，強い表面張力が作用し，粒子表面や粒界における空孔濃度は粒子内部よりも高いと考えられる。とくに粒界付近の構造は，無秩序な状態であることから，原子のわずかな再配列によって空孔は移動することが容易である。

　下図は2個の粒子の焼結初期段階における焼結機構を示したものである。構成成分は空孔を通じて矢印のように粒界中心から表面に移動し，接合部を成長させる。この接合部の成長 x/r は（1）式によって示される。

$$\frac{x}{r}=\left(\frac{40\gamma a^3 D_v}{kT}\right)^{1/5}r^{-3/5}t^{1/5} \tag{1}$$

　ここで γ は表面エネルギー，a^3 は拡散空孔の体積，D_v は粒界を除いた粒子内部の体積拡散係数である。（1）式から，接合部の成長 x/r は焼結時間 t の1/5乗の関数として増加することがわかる。粒子接合部が増大するにともない粒子どうしの中心距離は次第に短くなる。収縮率 $\Delta L/L_0$ および体積収縮率 $\Delta V/V_0$ は（2）式に示され，焼結時間 t の2/5乗に比例する。

$$\frac{\Delta V}{V_0}=\frac{3\Delta L}{L_0}=3\left(\frac{20\gamma a^3 D_v}{\sqrt{2}\,kT}\right)^{2/5}r^{-6/5}t^{2/5} \tag{2}$$

焼結初期段階における収縮率 $\Delta L/L_0$ と焼結時間 t との関係をグラフ化すると，収縮の経時変化は，その速度を次第に減少しながら見かけの最終密度に到達する。これを対数プロットすると直線関係がえられ，（2）式を満足する結果がえられる。一方，焼結後期段階では，粒界は表面エネルギーを減少させる挙動をとり，大粒子が小粒子を併合する粒成長過程が中心となる。

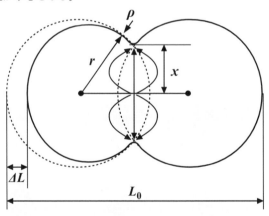

2粒子の結焼機構

6

汎用および高性能セラミックス材料

最先端な非酸化物セラミックスとして炭化ホウ素（B$_4$C）がある。この物質の硬さはきわめて高く，ダイヤモンドに次ぐ硬さをもつ。また，熱膨張率が小さいことも特徴である。しかし，多結晶体は難焼結性で，焼結助剤を加えた液相焼結を利用して焼結させる。粒界には液相生成による2次析出物（白い部分）がみえる。

炭化ホウ素セラミックス（B$_4$C）の微構造の電子顕微鏡写真（写真提供　美濃窯業（株）熊澤　猛氏）

6.1 アルミナセラミックス

アルミナセラミックス（Al_2O_3）は，電気絶縁性，耐摩耗性，化学安定性に優れ，現在もっとも実用化が進んだ先進セラミックスである。アルミナの成分純度（2～4 N グレード）が高純度化するほど機械的性質や化学的耐久性は向上する。しかし，耐熱衝撃性（$\triangle T = 200K$）および破壊靭性値（$K_{Ic} = 2.7～4.2\ MPa\cdot m^{1/2}$）がほかのセラミックスより低く，使用上に注意が必要である。広範囲な実用化が進み，おもに液晶，半導体および太陽電池関連の電子機器製造装置の部品として使用されている（図 6-1）。

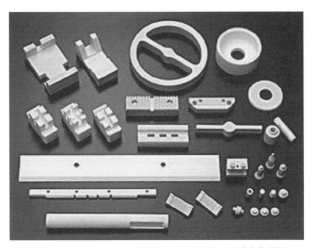

図 6-1　各種アルミナ製品の応用例（写真提供：美濃窯業(株)）

アルミナの原料は，アルミニウムを含む主な鉱石であるボーキサイト（Al_2O_3 含有量 40%～60%，そのほかに SiO_2，Fe_2O_3，TiO_2 などの成分を含む）である。そこでバイヤー法を用いてアルミナを精製する。ボーキサイトを水酸化ナトリウム（NaOH）熱水溶液中で 250℃ で洗浄する。この過程でアルミナは水酸化アルミニウム（$Al(OH)_3$）に変化し，以下の化学式に示すような反応によって溶解する。

$$Al_2O_3 + 2\,OH^- + 3\,H_2O \longrightarrow 2[Al(OH)_4]^- \qquad (6\text{-}1)$$

この反応の際にボーキサイト中の不純物成分は溶解せずに固体の不純物としてろ過によって除去する。次に溶液を冷却し，溶けていた水酸化アルミニウムを白色の綿毛状固体として沈殿させる。これを 1,050℃ に加熱脱水してアルミナをえる。このバイヤー法でえられたアルミナには，ナトリウムが不純物として混入しやすい。

$$2\,Al(OH)_3 \longrightarrow Al_2O_3 + 3\,H_2O \qquad (6\text{-}2)$$

図 6-2 にはアルミナの焼結に及ぼす原料粉体粒子径と MgO 添加剤の影響を示す。アルミナは原料粉体の粒子径が微細であるほど，粒子間の

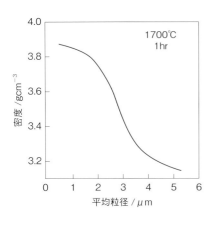

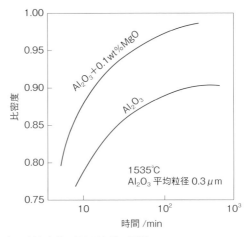

図6-2　アルミナの焼結に及ぼす原料粉末粒子径と添加物の影響

接触面積が大きくなり，高密度化する。一般的には原料粉体は 0.3 μm
程度の粒子径をもつ原料で製造される。一方，MgO の添加効果を焼結
時間で比較すると，無添加の場合には焼結時間を長くしても比密度（見
かけ密度と理論密度の比）は 0.91 以上にはならないが，0.1wt%MgO を
添加して 2 時間加熱しただけでも 1.0 に近づくようになる。結晶粒が成
長して大きくなると，微構造内に取り残された閉気孔の排出が困難にな
る。そのため気孔を取り除いて理論密度まで近づけるには結晶粒の成長
の抑制が重要となる。アルミナへの MgO の添加はその焼結体の粒成長
の抑制には有効な手段である。この MgO はアルミナ焼結体の粒界に偏
在することが確認され，粒界付近では $2Al^{3+} \rightleftarrows 3Mg^{2+}$ の相互拡散が起こ
り，Al_2O_3 中の空孔（陽イオンの 1/3 が空孔）が減少し，Al イオンが移
動しにくくなる。そのため，結晶粒の成長は抑制され，気孔は排出され
て理論密度に近づいた高密度化を起こすこととなる。

　アルミナの単結晶であるサファイアは，機械的特性，熱的特性，光学
特性，化学安定性に優れた透明材料である。ガラス，石英などの透明材
料の中でも，きわめて優れた材料特性をもつ。アルミナの融点は 2,050
℃で高い耐熱性をもち，熱伝導率は 42 W/m·K と高く，ビッカース硬
度は 22.5 GPa，モース硬度 9 とダイヤモンドに次ぐ硬さをもつ。光学
的には紫外線から赤外線までの広い波長範囲で高い透過率を示す。この
単結晶を安価に大量に作製する場合にはベルヌーイ法で行われるが，大
型のものを作製するには EFG 法によって行われる。人工宝石としては，
アルミナ単結晶に微量のクロム（Cr）が混入すると赤く発色してルビ
ーに，鉄（Fe）とチタン（Ti）が混入すると青く発色してサファイアに
なる。

6.2 ジルコニアセラミックス

酸化ジルコニウム（ZrO_2）をジルコニアといい，2,700℃ 近い高融点の物質で，低熱伝導率，耐熱性，耐食性，高い機械的強度などの多くの機能を有している。このような性質をもつことから，耐熱性セラミックス材料に利用されている。また，ジルコニア単結晶は透明でダイヤモンドの屈折率に近い値をもつことからキュービックジルコニア（CZ；cubic zirconia）として宝飾品に用いられる。

ジルコニアの特徴は，室温では単斜晶の結晶構造をとるが，温度を上げていくと正方晶および立方晶へと相転移する。とくに 1,150℃ 付近の単斜晶から正方晶への相転移において約 6% の体積変化をともなうことから，ジルコニアセラミックスを加熱と冷却とを繰り返すとやがて破壊に至る（図 6-3）。そこで多くのジルコニアセラミックスは添加物を加えて固溶体を形成させ，温度を上げても相転移を起こさないようにしてある。一般的には酸化マグネシウム（MgO），酸化カルシウム（CaO）や酸化イットリウム（Y_2O_3）などのアルカリ土類酸化物や希土類酸化物を混ぜる。これらを安定化剤と呼ぶ。これらの安定化剤が結晶に十分な量を固溶すると，立方晶および正方晶のジルコニアは転移を起こすことがなくなり，室温でも安定または準安定となり，加熱・冷却による破壊を抑制できる。このような安定化剤を 4～15% 程度固溶させたジルコニアセラミックスを「安定化ジルコニア（SZ；stabilized zirconia）」および「部分安定化ジルコニア（PSZ；partially stabilized zirco-

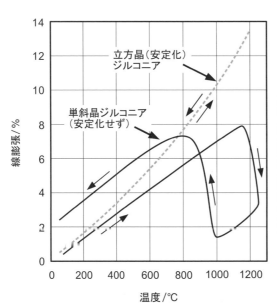

安定化していない単斜晶ジルコニアを加熱していくと約 1,200℃ で急激な熱膨張率の低下（約 6%）がみられ，これを冷却していくと 800～1,000℃ で逆に急激な熱膨張率の増大が起こる。この特異な変化はジルコニアの単斜晶から正方晶への結晶転移によるものである。一方，安定化剤をくわえた立方晶ジルコニアの場合には加熱および冷却しても熱膨張率には単斜晶ジルコニアのような特異な変化は見られない。

図 6-3 ジルコニアセラミックスの熱膨張変化

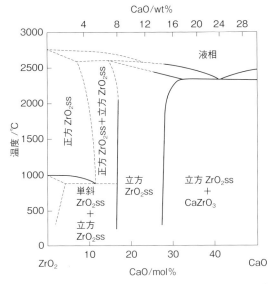

図は CaO-ZrO₂ 系の二成分状態図である。ZrO₂ の Zr⁴⁺イオン（イオン半径：0.079 nm）であることから，MX₈配位では小さすぎるのでイオン半径の大きな Ca²⁺イオン（0.099 nm）と置き換えることで MX₈配位の理想的なイオン半径比に近づき，室温から融点までの広範囲で立方晶 ZrO₂ として安定的に存在する。Zr⁴⁺ ⇄ Ca²⁺ の置換固溶によって，正電荷が不足するが，酸化物イオン空孔を生成することで電荷補償を行う。この酸化物イオン空孔の生成が，高温での酸化物イオン O²⁻ の移動によるイオン電導性の原因となっている。

図 6-4　CaO-ZrO₂ 系二成分系状態図（P. Duwez ら，1952）

nia）」という。安定化したジルコニアは，純粋なジルコニアに比べて機械的強度および破壊靭性に優れている。これは破壊の原因となる亀裂の伝播を正方晶から単斜晶に相変化することで，亀裂の伝播を阻害し，亀裂先端の応力集中を緩和するためである。この挙動を「応力誘起相変態強化機構」という（図 6-5）。さらに結晶の相変化を完全に抑制した安定化ジルコニアよりも，安定化剤の量を減らして立方晶および正方晶が共存している部分安定化ジルコニアのほうが機械的特性に優れている。現在，市販されているセラミックはさみやセラミック包丁などには部分安定化ジルコニア（PSZ）が用いられている。

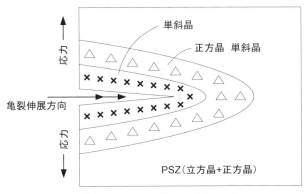

図 6-5　応力誘起相変態強化メカニズム

　高強度セラミックスには，ジルコニア-アルミナ複合材料がある。これは酸化イットリウムで準安定化したジルコニアに 20～30 mol% のアルミナを複合させたもので，ジルコニアやアルミナの機械的強度よりも

高いのが特長である。これは複合化によって焼結の際の粒子成長が抑制されるためである。また，破壊の際に亀裂がアルミナ粒子を迂回するように進展するため，破壊エネルギーが高くなる。この現象は焼結の際に室温に複合焼結体を戻す際にアルミナとジルコニアとの体積収縮の差から，アルミナに圧縮応力が，ジルコニアに引っ張り応力がそれぞれ残り，亀裂が進展する際に準安定なジルコニアに相転移が生じて体積膨張してアルミナに圧縮応力を伝達するため，高強度なセラミックスが得られる。

　一方，完全に安定化したジルコニア $Ca_{0.15}Zr_{0.85}O_{1.85}$ は，結晶中に酸化物イオン空孔（Vacancy）が形成され，これがキャリアとなってイオン伝導性をもつ。これは固体電解質となり，酸素センサおよび燃料電池の電極材料に用いられている（図6-6）。

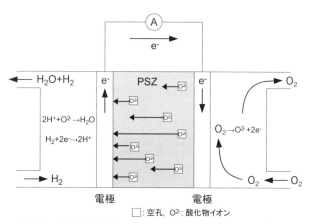

図6-6　固体電解質（$Ca_{0.15}Zr_{0.85}O_{1.85}$）燃料電池としての応用例

6.3　二酸化チタン

　二酸化チタン（TiO_2）には，ルチル形（金紅石），アナターゼ形（鋭錐石），ブルッカイト形（板チタン石）の3つの異なる多形が存在する。このうち，工業材料として使われているものは，ほとんど場合ルチル形またはアナターゼ形である。熱的にはルチル形が安定的に存在し，アナターゼ形は約900℃の加熱によってルチル形に結晶転移する。ルチル形はアナターゼ形よりも屈折率が高いこと（屈折率2.7）などから，塗料用顔料，プラスチック着色，インキ，製紙，着色料，UVカット化粧品などに利用されている。また，二酸化チタンにとくに有名な特性である光触媒性能はアナターゼ形のほうが紫外線吸収能に優れている。そのため，光触媒にはアナターゼ形二酸化チタンを利用する。

　そこで二酸化チタンの光触媒性能を説明する（図6-7）。電子が外部エネルギーによって価電子帯から伝導帯へあがることを励起といい，電

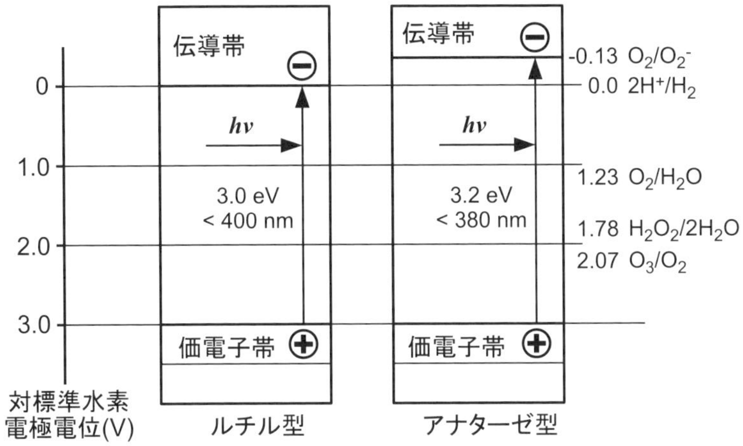

図6-7 のバンド図を含む。

図 6-7　二酸化チタンのバンドギャップ

子が励起されると電子の数に等しい電子の抜け穴である正孔（h^+；ホール）が価電子帯に生成する。この励起に必要なエネルギーをバンドギャップ E_g（energy gap）という。ルチル形の E_g は 3.0 eV であることから約 413 nm 以下の波長の光を当てることにより価電子帯の電子を伝導帯に引き上げることができる。一方，アナターゼ形の E_g は 3.2 eV で約 388 nm 以下の光を必要とする。このことから，光触媒の二酸化チタンに利用される光は約 388 nm 以下の近紫外光ということになる。このような励起された電子は正孔と再結合してすぐに消えてしまう。しかし，二酸化チタンの場合，生成した電子（e^-）と正孔（h^+）の一部は再結合するが，表面にある空気中の水と反応して，正孔は水を酸化してヒドロキシラジカル（$\cdot OH$）になり，電子は空気中にある酸素と反応してスーパーオキサイドアニオン（$\cdot O_2^-$）になる（図 6-8）。このように生成したヒドロキシラジカルとスーパーオキサイドアニオンとが光触媒性に関与する。とくにヒドロキシラジカルは非常に強い分解力をもつ。これは消毒や殺菌に使っている塩素や次塩素酸，過酸化水素，オゾンなど

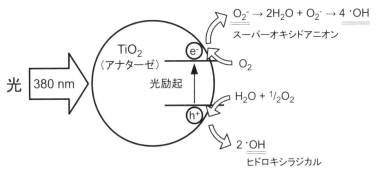

図 6-8　二酸化チタンの光触媒性能

より強い分解力をもつ。この光触媒の分解力が有機化合物を構成する分子の結合エネルギーより大きいため，有機物化合物を最終的に無害な二酸化水素と水にまで分解する。このように光触媒の強力な分解機能で汚れを分解したり，微生物を殺菌したりなどの働きをする。

　光触媒の抗菌効果は細菌や微生物を死滅させることのみならず，死骸の細胞壁やその分泌物まで分解できることから，銀系抗菌剤に比べて優れている。また，カビ胞子は空気中のどこにでも漂っている。カビが成長してしまって光が光触媒の表面に届かなくなってからでは遅いが，初期の胞子を分解できれば抗カビ効果も期待できる。

　光触媒による分解機能のなかで最も期待されているのはセルフクリーニング（自己浄化）機能である。建造物の屋外に光触媒を設置する（タイル等にコーティングする）と，太陽の光が当たることによって汚染物質中の有機成分を分解し，付着力を低下させる。付着力の低下した汚染物質は，雨水で自然に流れ落とす。高層ビルなどの美観を保つこととそのメンテナンスコストの低減につながる。

6.4　非酸化物系セラミックス

　非酸化物系セラミックスは，おもに炭化物，窒化物，ホウ化物系化合物のセラミックスの総称である。これらは一般に共有結合性の高い物質で，融点が高く，機械的強度に優れることから，高温材料セラミックスやエンジニアリングセラミックスとして利用されている。先進非酸化物セラミックスの代表的な材料には，炭化ケイ素（SiC），窒化ケイ素（Si_3N_4），窒化アルミニウム（AlN），窒化ホウ素（BN）およびサイアロン（Si_3N_4–AlN–Al_2O_3 系固溶体）がある。炭化ケイ素や窒化ケイ素は，

Column 1　二酸化チタンの超親水性

　二酸化チタンには，近年発見された親水機能がある。この親水機能を利用することで，曇らない鏡やガラスを作ることができる。親水機能のメカニズムは，二酸化チタンにはもともと親水性があり，光触媒の強力な分解力で表面に付着している撥水性のある有機物を分解し，常に表面がクリーンに保たれるために親水機能が発揮されるといわれている。また，光触媒の表面に光が当たることによって起こる二酸化チタンの表面構造変化によるともいわれている。

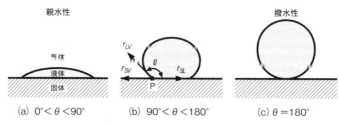

(a) $0° < \theta < 90°$　　　(b) $90° < \theta < 180°$　　　(c) $\theta = 180°$

高温材料として特性に優れていることから，エンジン（渦流室），ターボチャージャのタービンホイール，ガスタービンなどの部品に利用されている。とくに β 型炭化ケイ素（β–SiC）および立方晶型窒化ホウ素（c–BN）はダイヤモンド構造をとり，ダイヤモンドに次ぐ硬度を有し，切削工具等に利用されている。また，炭化タングステン（WC）は研磨材として利用されている。さらに窒化アルミニウムは，絶縁性で高い熱伝導率をもつことから IC 基板等への利用も期待されている（表 6-1）。

エコマテリアルとしての軽量高強度材料

　近年，アラミド繊維などを利用した FRP 複合材料が開発され，ガラス繊維よりもさらに高強度（約 4 GPa），高弾性率（約 240 GPa），低比重（約 1.8）などの性質をもち，金属材料の特性を上回る。また，カーボン繊維や SiC 繊維などを利用した FRC 複合材料も開発され，セラミックスの短所である破壊に対する強度や靭性を大きく改善している。自動車産業，航空・宇宙産業，原子力産業などでの利用が期待されている。

表 6-1　各種非酸化物系セラミックスの特徴と応用例

材　質	特　徴	用　途
Si_3N_4	耐熱性，耐熱衝撃性，化学安定性	高温構造部材
SiC	耐熱性，耐摩耗性，耐薬品性	半導体製造装置部品
サイアロン	高強度，耐熱衝撃性，耐摩耗性	ベアリング，ガイドローラー
h–BN	耐熱性，潤滑性	ガイドローラー
c–BN	高強度，耐熱衝撃性，耐摩耗性	高温構造部材

　非酸化物の原料調製では，気相法による直接炭化や直接窒化，還元窒化などの方法によって原料粉体を得る。非酸化物系セラミックスは共有結合性が高いために難焼結性となり，ち密な焼結体を作製するには，焼成雰囲気，温度，焼結助剤などの焼結条件を管理する必要がある。一般的な酸化物セラミックスは大気中で容易に焼成できるが，非酸化物系セラミックスの場合，酸化を防ぐために不活性ガスや真空中で成形体を高温焼成する。また，焼結性の向上のために，焼結と化学反応を同時に行う反応焼結法，圧力を加えながら加熱するホットプレス法や熱間静水圧プレス（HIP）法なども用いられている。

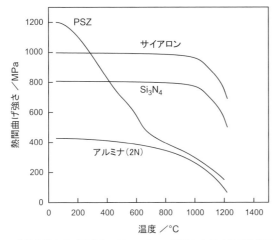

図 6-9　非酸化物および酸化物セラミックスの高温における機械的強度の変化

非酸化物セラミックスの特長は高温状態での強度特性にあり，図6-9に示すようにアルミナやジルコニアのようなイオン性結晶では高温状態でその強度は低下していくが，非酸化物セラミックスの場合には，1,000℃を超えるような温度でも強度低下は起こらない。

また，セラミックス繊維／セラミックス複合材料でもカーボン繊維／炭化ケイ素系複合材，炭化ケイ素繊維／炭化ケイ素系複合材などが作製され，セラミックスの欠点である脆性を克服した硬度，強度および靭性をあわせもつ材料が開発されている。

近年では，オプトエレクトロニクス材料や環境対応材料として新しい用途が見いだされている。パワーデバイス用の炭化ケイ素単結晶，ディーゼルエンジン用黒鉛粒子除去フィルター（DPF），酸窒化物として窒化ガリウム青色発光LED用の蛍光体，などがあげられる。

6.5 カーボン系セラミックス

炭素は共有結合性物質で，その結合状態で数種の同素体を形成する。炭素どうしがsp^3混成軌道を形成して3次元的な結晶構造を形成するとダイヤモンドとなり，sp^2混成軌道とπ電子を形成して平面正六角形の構造を形成するとグラファイトになる。また，これらの2つの構造が混在したアモルファス状態としてカーボンブラックや活性炭がある。

（1）ダイヤモンド

等軸晶系の正八面体構造をもち，（111）面のへき開がある。モース硬度10，密度$3.51\ \mathrm{g\ cm^{-3}}$で，白色または無色である。空気中では710～900℃で燃焼し，燃焼熱は$395\ \mathrm{kJ\ mol^{-1}}$である。酸やアルカリに侵

Column 2　発光ダイオードを用いた白色化蛍光体

発光ダイオード（LED）は，長寿命，低消費電力，高信頼性等の優れた長所をもち，しかも小型化，薄型化および軽量化が可能であることから，各種機器の光源として用いられている。とくにLED白色光は，信頼性・小型化・軽量化が望まれる車載照明や液晶バックライト，さらには一般家庭の白色電球や蛍光灯に代わる室内照明とし，環境にやさしい照明として期待されている。

LEDの白色化には，（1）紫外LEDの紫外線によって励起され，それぞれ赤色（R），緑色（G）および青色（B）の蛍光を放出する三種類の蛍光体を組み合わせて蛍光体から放出される三色を混ぜる方法，（2）青色LEDと，その青色光によって励起され，青色光とその補色の関係にある黄色の蛍光を放出する蛍光体とを組み合わせ，青色（B）と黄色（Y）を混ぜる方法，とがある。

とくに酸窒化物系蛍光体は，紫外から可視光に広範囲の強い吸収帯をもち，既存の蛍光体に比べて優れた耐久性をもつ。たとえば，青色LED（460 nm発光）を用い，赤色蛍光体$CaAlSiN_3$：Eu（650 nm赤色発光）と緑色蛍光体β-サイアロン：Eu（540 nm緑色発光）とを組み合わせて蛍光体を励起すると演色性に優れた白色光がえられる。

表 6-2　各種カーボン材料の用途と特長

名　称	利用用途・開発用途	特　長
ダイヤモンド	ダイヤモンド薄膜，切削工具，研磨剤，電子材料（半導体，基板材料）	高硬度，高熱伝導率
グラファイト	潤滑材料，鉛筆の芯，カーボン系耐火物，2次電池負極材料（LiC_6），中性子減速材	潤滑性，層間構造
無定形炭素	黒色顔料，タイヤ用着色添加剤，プリンター・コピー機のトナー材料	分散性，表面機能性
活性炭	脱臭剤，空気清浄機，各種フィルター，浄水器，上水処理，有機物の選択吸着剤，キャパシタ用材料	植物質の原料を加熱して賦活化処理する。多孔性
フラーレン	金属内包フラーレン（金属的性質），ナノ潤滑剤，医薬品（HIV プロテアーゼ阻害剤），化粧品（活性酸素阻害剤）	構造，表面機能
カーボンナノチューブ	電子デバイス（電界放出ディスプレイ用負極材等），半導体材料，透明導電膜，燃料電池材料，キャパシタ用材料，軽量高強度構造材料	電気特性，構造，高熱伝導特性，高機械強度
炭素繊維（複合材料も含む）	スポーツ器具材料，航空・宇宙用構造材料，自動車（ブレーキなど）	高弾性，高強度，軽量，耐熱性

されない。ダイヤモンドは，近年人工的に結晶を量産できるようになったが，大きいものでも約 4 mm で，用途は研削工具，研磨剤である。

（2）　グラファイト（黒鉛）

天然に産出するものは，六方晶系で，鱗状，粒状，塊状となっている。へき開底面は完全で薄片となり，硬度 1～2，密度 1.9～2.3 g cm^{-3}，ろう状の感触があって曲がりやすい。酸には溶けない。一般に変成岩中に産するが，現在では人工的に多量につくられ，無煙炭，ピッチなどが原料となる。

（3）　無定形炭素

コークス，ガス炭，木炭，ガスカーボンなどは無定形炭素であるが，これらは黒鉛と同じ六方平面格子が乱雑な配列をした小結晶の集まり（凝集体ストラクチャー）である。無定形炭素は黒色不透明で粗い，その表面積を高くしたものは気体や液体や塩類をよく吸着する。カーボンブラックは黒色無機顔料として大量に利用されている。

（4）　フラーレン

60 個の炭素原子でできた安定な C60 分子が発見され，その分子構造は 12 個の 5 角形と 20 個の 6 角形からなるサッカーボール型で閉じた結合状態である。C60 分子の直径は約 0.7 nm で，分子内に金属イオンや小さい分子を取り込む余地がある。C60 は空気中で安定であり，真空中でも 600℃ 以上に加熱しても壊れないので，昇華法で精製することができる。C60 が安定で反応性に乏しいのは，芳香族分子であることのほかに，分子に端がないことがあげられる。また，分子内の炭素原

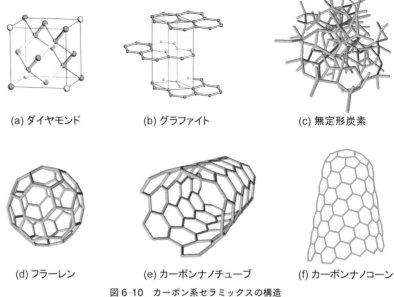

(a) ダイヤモンド　　　　(b) グラファイト　　　　(c) 無定形炭素

(d) フラーレン　　　(e) カーボンナノチューブ　　　(f) カーボンナノコーン

図6-10　カーボン系セラミックスの構造

子がすべて等価で，p電子密度に偏りがないことも安定性に寄与しているといわれている。C60は絶縁体であるが，いろいろなアルカリ金属を添加すると，金属的性質や超伝導体にもなる。C60は黒鉛と同様に不飽和の結合をもつ同素体であるが，その性質には大きな違いがある。

（5）　カーボンナノチューブ

　アーク放電中で炭素を蒸発させると，フラーレンの他にカーボンナノチューブも生成する。グラファイトの各層が入れ子構造で積層したチューブを形成し，その先端はフラーレンと同じように5員環と6員環とで閉じている。カーボンナノチューブはナノカプセル材料や触媒などへのさまざまな展開が期待されている新材料である。

Column 3　電気二重層キャパシタおよび2次電池に利用されるカーボン材料

　電気二重層キャパシタとは，コンデンサ（静電気容量によって電荷を蓄積・放出する受動素子）の高出力と2次電池の高エネルギーとを併せた蓄電デバイスである。その特徴は，2次電池に比べて短時間で大電流の充放電が可能なことである。そのため，バックアップ電源やハイブリッド車の電源として用途拡大が期待されている。この電気二重層キャパシタの電極材料として活性炭，コークス，グラファイトおよびグラフェン（カーボンナノチューブ）のカーボン多孔性材料が用いられ，電解質イオンを材料表面の吸脱着反応によって充放電を行う（表6-2参照）。

　リチウムイオン2次電池の負極材料には，グラファイトの層間構造を利用し，その層間にリチウムイオンを挿入した高結晶性グラファイト構造の LiC_6 がある。パソコンや携帯電話用の2次電池分野において軽量・小型・長寿命という特性が望まれる中，高容量・高性能の負極材料として注目され，今後は自動車用およびコジェネレーションシステム用2次電池としての利用も期待される。

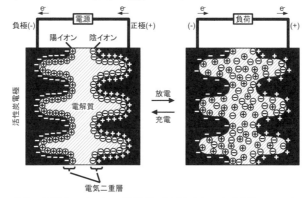

電気二重層キャパシター（活性炭の細孔を大きく略式表現している）

7

生命科学とセラミックス材料

写真の中心の黒い部分がリン酸三カルシウムセラミックスで，白い部分が骨組織，灰色の部分が骨細胞である。リン酸三カルシウムセラミックスが吸収されて輪郭に凹凸が見られる。また，材料組織の周りには繊維性組織形成による異物反応（カプセル化）もなく，骨組織および細胞が直接接着している。

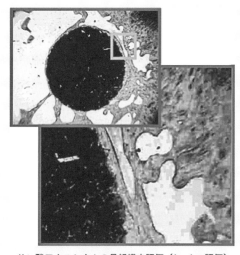

リン酸三カルシウムの骨組織内評価（*in vivo* 評価）

7.1 生体セラミックス

ここでは生体セラミックスを，生体と直接接触させて使用するバイオセラミックスとその周辺分野の医療機材用セラミックに大別して説明する。

7.1.1 バイオセラミックス

バイオセラミックスを含むバイオマテリアルの定義には，「損傷した生体組織の機能をできるだけ正常に近い状態に回復させるために使用される材料」と「生体関連分子や細胞などの生体を構成する要素に対して適応する，または生体に直接接触させて使用する材料」とがあり，広義的には後者が用いられている。

バイオセラミックスとして古くから利用されているものに歯科分野の歯冠用陶材があり，1820年代に使用され，現在でもこの分野では多くのセラミック材料が使用されている。1890年代に外科分野の骨充てん材や骨置換材としてセッコウ（$CaSO_4$）がセラミック材料としては初め

表 7-1　バイオセラミックスの用途

使用部位	材料名
頭蓋骨	ハイドロキシアパタイト焼結体
耳小骨	アルミナ焼結体，ハイドロキシアパタイト焼結体，生体ガラス*
顔　面	アルミナ焼結体，ハイドロキシアパタイト焼結体，生体ガラス*
歯　冠	ジルコニア焼結体，長石と石英を主体とした陶材（義歯用人工歯も含む）
歯　根	アルミナ焼結体（単結晶），ジルコニア焼結体，ハイドロキシアパタイト焼結体，金属材料表面へのハイドロキシアパタイトコーティング
歯槽骨	ハイドロキシアパタイト（焼結体，多孔体，顆粒体），生体ガラス（顆粒体）*，アルミナ焼結体
歯台ポスト	ガラス繊維／高分子系複合材料
心臓（人工心臓弁）	カーボンコーティング，DLCコーティング
脊　椎	アルミナ焼結体，ハイドロキシアパタイト焼結体，結晶化ガラスA–W
腸　骨	結晶化ガラスA–W
骨（欠損部補填）	ハイドロキシアパタイト（焼結体，多孔体，顆粒体），β–リン酸三カルシウム（焼結体，多孔体，顆粒体），生体ガラス（顆粒体）*，A–W結晶化ガラス（顆粒体）
関　節	アルミナ焼結体，ジルコニア焼結体，金属材料表面へのハイドロキシアパタイトコーティング
歯の接着・修復	グラスアイオノマーセメント（生体ガラス粉末）
骨欠損部の修復，骨の接着	リン酸カルシウム類ペースト，ハイドロキシアパタイトセメント
DDS担体	ハイドロキシアパタイト，金ナノロット，Y_2O_3–Al_2O_3–SiO_2ガラス球（放射線がん治療材料），磁性陰極吸収粒子（温熱癌治療材料）
骨折固定具	ハイドロキシアパタイト／生体吸収性高分子系複合材料
高機能診断材料	金ナノ粒子，シリカ球状微粒子

＊生体ガラスとは生体活性をもつガラス全般を示す。

表7-2 バイオセラミックスの分類と例

分 類	性 質	材料名
生体不活性 材料	生体内で化学的に 安定である	アルミナ（多結晶体，単結晶） ジルコニア多結晶体（PSZ，SZ） カーボン系材料（コーティング材）
生体活性材 料	生体内で異物反応 がなく，材料表面 に生体活性をもち， 自家骨と強固に接 合する	ハイドロキシアパタイト焼結体 生体活性ガラス（$Na_2O–CaO–SiO_2–P_2O_5$ 系ガラス：Bio- glass[R]） 結晶化ガラス A–W($MgO–CaO–SiO_2–P_2O_5–CaF_2$ 系ガラ ス：Cerabone[R]） 結晶化ガラス $Na_2O–K_2O–CaO–MgO–SiO_2–P_2O_5$ 系結晶 化ガラス：Ceravital[R]） CPSA 系ガラス長繊維（$CaO–P_2O_5–SiO_2–Al_2O_3$ 系ガラ ス）
生体吸収性 材料	生体内で徐々に吸 収されて自家骨に 置き換わる	β–リン酸三カルシウム焼結体（β–TCP） 炭酸アパタイト焼結体 カルシウム欠損型非化学量論アパタイト焼結体 炭酸カルシウム（$CaCO_3$）

て臨床応用された。しかし，その機械的な強度の不足から発展はしなか
った。バイオセラミックスの隆盛は 1960 年代からである。アルミナセ
ラミックス等が人工歯根，人工関節の骨頭部，人工骨に広く利用される
ようになった。1971 年にヘンチ（Hench）らによって $Na_2O–CaO–SiO_2$
$–P_2O_5$ 系ガラス（Bioglass[R]）が開発され，骨と高い親和性をもつ生体活
性ガラスとして注目された。その後，高い生体親和性をもつ材料として
ハイドロキシアパタイト（HAp：$Ca_{10}(PO_4)_6(OH)_2$），各種結晶化ガラス
等が開発された。近年では，生体親和性に優れるという HAp の特長を
生かした HAp／ポリ乳酸等のセラミックス／高分子系，金属表面を
HAp で被覆したセラミックス／金属系，ジルコニアと HAp のセラミッ
クス／セラミックス系の各種複合材料が開発されている。表 7-1 には
生体の部位のバイオセラミックスの臨床応用例を示す。

　表 7-2 にバイオセラミックスの性質から分類した例を示す。バイオ
セラミックスは，生体内で安定に存在し，生体組織・分子と反応しない
生体不活性セラミックスと，ある程度は生体組織と相互作用する生体活
性セラミックス，生体組織と積極的に相互作用を起こしてやがて吸収さ
れていく生体吸収性セラミックスとに分けられる。これらは目的によっ
て使用される部位が異なる。アルミナやジルコニアなどの生体不活性セ
ラミックスは高硬度，耐摩耗性，非溶出性，非生体分子吸着性などの機
械的・化学的安定性に優れていることから，人工関節材料や機械的な強
度を必要とする部位への人工材料に利用されている。ハイドロキシアパ
タイトやバイオガラスなどの生体活性セラミックスは生体内で少しずつ

表面反応し，骨組織と自然に結合する組織修復材料である。さらに炭酸アパタイト（CAp：$Ca_{10-x}(PO_4, CO_3)_6(OH, CO_3)_2$）や β 型リン酸三カルシウム（β-TCP：β-$Ca_3(PO_4)_2$）などの生体吸収性セラミックスは生体内での溶解性が高く，骨吸収と新生骨形成によってやがて自家骨にすべて置換する組織修復材料である。

　表7-3にバイオセラミックスおよび骨・歯の機械的性質を示す。一般にセラミックスの機械的特性は金属材料のような塑性変形は起こさないが，ヤング率が高く破壊荷重も高いことから硬くて脆い性質をもつ。その挙動は脆性破壊を起こし，材料表面のクラックに集中した応力が亀裂の進展を急速に伸ばして破断する。表に示したバイオセラミックスの機械的性質も，骨などの生体硬組織と比べて曲げ強さ，圧縮強さ，ヤング率など，いずれも高い値を示している。とくに硬組織として利用する場合には力学的適合性が問われ，硬組織と同様な機械的性質が必要とされ，過大な機械的強度は逆に硬組織を破壊してしまう可能性がある。生体不活性なアルミナやジルコニアのセラミックスは高硬度であるため，耐摩耗性が必要とされる関節の摺動部に使用されている。そのほかのバイオマテリアルは骨の緻密骨の曲げ強さとは同等な値であるが，ヤング率は高い値を示す。これは材料強度とヤング率との関係は比例関係にあるためである。

表7-3　バイオセラミックスおよび骨・歯の機械的性質

		曲げ強度／MPa	圧縮強度／MPa	ヤング率／GPa	破壊じん性／MPa・m$^{1/2}$
セラミックス	アルミナ　アルミナ多結晶　サファイヤ単結晶	210〜380 210〜1,300	1,000 3,000	371 385	3.1〜5.5 〜2.3
	ジルコニア（PSZ）	900〜1,400	210	140〜200	3.0〜10.0
	水酸アパタイト	113〜196	510〜920	35〜120	0.7〜1.2
	リン酸三カルシウム	140〜160	470〜700	34〜84	1.1〜1.3
	Bioglass®	42	—	35	—
	結晶化ガラス A-W	180〜210	1,080	120	2.0〜2.6
	Ap-雲母系結晶化ガラス	100–160	500	70〜88	0.5〜1.0
	FAp 系結晶化ガラス	—	500	100〜150	—
生体	骨　皮質骨	50〜150	100〜230	7〜30	2〜6
	海綿骨	0.4	2〜12	0.05〜0.5	—
	歯　象牙質	—	300	19	—
	エナメル質	—	390	84	—

　一方，生体硬組織である骨は無機成分（50〜60 mass％ ハイドロキシアパタイト）とおもに天然高分子繊維（I型コラーゲン）との複合材料である。これらの成分比および機械的性質は骨の部位や年齢によって異

なる。また，この曲げ強さや圧縮強さは高いが，ヤング率が低い（弾性がある）という特徴をもつ。

バイオセラミックスの必要条件　　生体に直接接触して使用する医療用機材の一部は，工業用用途の機材とは異なり，JIS 規格（日本工業規格）をクリアすることはもちろんであるが，薬事法に則った医療用機材としての規格もクリアしなければならない。これは使用用途によって段階的に異なり，その結果を踏まえて申請・認可を所管の組織に提出する必要がある。とくに生体組織と接触させて使用する場合には以下に示した 5 項目の必要条件をクリアする必要がある。

① 可滅菌性：消毒および滅菌（高圧水蒸気，酸化エチレンガス，γ線照射，電子線照射）が可能である。

② 生体適合性：材料による生体反応が適当である。

③ 非毒性：生体に対して毒性，発熱，炎症，アレルギー，組織損傷を与えない。

④ 耐久性：目的の期間内で材料（強度など）の性質が変化しない。

⑤ 機能性：目的のために必要な機能をもつ。

バイオセラミックスの生体適合性　　表 7-4 にバイオセラミックスの生体適合性をまとめたものを示した。生体親和性（biocompatibility）としては，長期間にわたって生体に悪影響も強い刺激も与えず，本来の機能を果たしながら生体と共存できる材料の性質をいう。とくにバイオセラミックスには生体活性と不活性なものとがあるので，実際には相反

表 7-4　バイオセラミックスの生体適合性

力学的適合性	形態適合性		機能性に対して的確な形状のデザイン 応力集中を分散できる形態
	力学的整合性		組織と材料のヤング率の整合性 過大な機械的強度の不要
界面適合性	組織結合性	軟組織適合性	癌治療や遺伝子診断などに利用される材料開発 軟組織培養用の足場材料の開発
		硬組織適合性	骨組織と材料界面での高い結合性（材料表面上での骨組織の直接形成）
	機械的非刺激性		組織と材料界面における応力集中を避けて組織に刺激を与えない
	生体非活性	非カプセル化	材料の周囲に繊維性組織が形成してカプセル化を生じることを避ける（材料と組織の乖離）
		タンパク質非吸着性	不活性な材料に対しては材料表面に細胞の足場となるタンパク質の吸着を避ける（一方，活性材料は足場となるタンパク質を吸着させる）
		抗血栓性	血液が直接触れる材料では材料表面に血栓形成を避ける（材料表面の平滑性，ぬれ角，電荷等）

する適合性も必要となる。また，力学的特性を満たすことも重要となる。

（1）ハイドロキシアパタイト

硬組織である骨や歯の主成分はハイドロキシアパタイト（HAp）である。HAp は鉱物学的にはアパタイト族に属し，その基本組成は $M_{10}(RO_4)_6X_2$ と表示される。このうち，M サイトには Ca^{2+}，Al^{3+} などの 1〜3 価の陽イオン，R サイトには P などの酸素酸塩を形成する 3〜7 価のイオン，X サイトに OH^-，Cl^-，F^- などのヒドロキシルイオンまたはハロゲンイオンが入る。表 7-5 にアパタイト構造を形成するイオンをまとめて示した。表に示すように，多くのイオン種でアパタイト構造を構成することができ，さらに複数のイオンでも部分置換が可能である。この構造を安定化させるには，M サイトには 0.095〜0.135 nm，R サイトには 0.029〜0.060 nm のそれぞれのイオン半径をもつイオンが入る。

表 7-5　アパタイト族（$M_{10}(RO_4)_6X_2$）の構成イオン種

サイト	構成イオン種
M：Ca サイト	H^+, Na^+, K^+, Ca^{2+}, Sr^{2+}, Ba^{2+}, Pb^{2+}, Zn^{2+}, Cd^{2+}, Mg^{2+}, Fe^{2+}, Mn^{2+}, Ni^{2+}, Cu^{2+}, Hg^{2+}, Al^{3+}, Y^{3+}, Ce^{3+}, Nd^{3+}, La^{3+}, Dy^{3+}, Eu^{3+}
R：P サイト	SO_4^{2-}, CO_3^{2-}, HPO_4^{2-}, PO_3F^{2-}, PO_4^{3-}, AsO_4^{3-}, VO_4^{3-}, CrO_4^{3-}, BO_3^{3-}, SiO_4^{4-}, GeO_4^{4-}, BO_4^{5-}, AlO_4^{5-}
X：OH サイト	OH^-, F^-, Cl^-, Br^-, I^-, O^{2-}, CO_3^{2-}, H_2O, □（空孔）

アパタイトにはこのような特長のほかに非化学量論性という性質がある。すなわち，HAp は理想的な化学組成である化学量論組成（$Ca_{10}(PO_4)_6(OH)_2$；HAp；Ca/P モル比＝1.67）からずれていても，結晶構造的にはアパタイト型結晶構造をとる。一般に水溶液反応で生成した HAp の組成は化学量論組成に比べると Ca 欠損を生じやすく，$Ca_{10-x}(HPO_4)_x(PO_4)_{6-x}(OH)_{2-x} \cdot nH_2O$（Ca 欠損型 HAp；$0 < x \leqq 1$，$n = 0 \sim 2.5$），Ca/P モル比は 1.5〜1.67 になる。Ca^{2+} イオン欠損による電荷の補償はプロトンや格子欠陥の導入によって行われる。この非化学量論性がアパタイトの利用価値を高め，タンパク質等の吸着特性，生体活性などに影響する。一方，生体硬組織のアパタイトは骨組織の部位や加齢などによって変化し，Ca^{2+} イオン欠損は Ca/P モル比では 1.63〜1.65 になり，さらに微量に Mg^{2+} イオン，Na^+ イオン，H^+ イオン，CO_3^{2-} イオン，F^- イオンなどが置換固溶した組成となっている。

表 7-6 に主なアパタイトの結晶学的データを示した。アパタイトの結晶系は六方晶系（空間群；$P6_3/m$）である。HAp や塩素アパタイト（$Ca_{10}(PO_4)_6Cl_2$；ClAp）は歪んだアパタイト構造をとり，単斜晶系（空間群；$P2_1/b$）になる。HAp は約 200℃ で六方晶系に転移し，約 1,300

表7-6　おもなアパタイトの結晶学的・化学的データ

	ハイドロキシアパタイト（HAp）	フッ素アパタイト（FAp）	塩素アパタイト（ClAp）
化学式	$Ca_{10}(PO_4)_6(OH)_2$	$Ca_{10}(PO_4)_6F_2$	$Ca_{10}(PO_4)_6Cl_2$
結晶系	単斜→六方（211.5℃）	六方	単斜
空間群	$P2_1/b \to P6_3/m$	$P6_3/m$	$P2_1/b$
格子定数／nm	a:0.941〜0.944 c:0.684〜0.694	a:0.936〜0.937 c:0.687〜0.686	a:0.952〜0.964 c:0.673〜0.685
密度／g/cm^3	3.17	3.18〜3.189	3.12〜3.174
融点	1,250℃ 分解	1,615〜1,660℃	
溶解度積／pKs	109〜120	119〜122	
生体部位	骨，歯の象牙質	歯のエナメル質	

℃ で $Ca_3(PO_4)_2$ と $Ca_4O(PO_4)_2$ とに分解するために HAp の融点はない。

　図7-1 にアパタイトの結晶構造を示した。単位格子における Ca^{2+} イオンには2つの結晶学的に異なる位置がある。c 軸上にある水酸基の酸素を取り囲むように位置する Ca（らせん軸 Ca；酸素7配位）と格子の中心部に c 軸方向に柱状に配置する Ca（格子中 Ca；酸素9配位）とがある。図からわかるように，格子中 Ca は c 軸方向に0，1/2の位置にあり，らせん軸 Ca は同様に1/4，3/4の位置にある。この1/4，3/4の位置は FAp では鏡面となるが，HAp では OH 基が少しずれて位置するために対称性は低下する。単位格子中の格子中 Ca は4原子，らせん軸 Ca は6原子があり，この格子中 Ca は c 軸に沿ってイオンの移動が起こると考えられている。

ハイドロキシアパタイトの合成　　ハイドロキシアパタイト粉末の主な合成法には以下に示す液相法，水熱法，固相法がある。ハイドロキシ

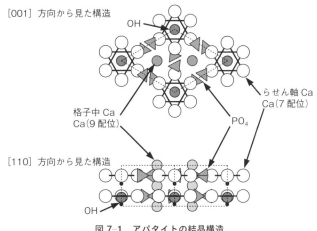

図7-1　アパタイトの結晶構造

アパタイトはバイオセラミックスのなかでとくに生体適合性に優れた材料といえる。これが人工的に合成されたのは 1970 年代に入ってからである。

水溶液反応（沈殿析出法）　ハイドロキシアパタイト（HAp）は，カルシウム塩類水溶液とリン酸塩水溶液との水溶液反応において沈殿懸濁液の pH をアルカリ性にすると，まず反応直後には非晶質リン酸カルシウム（ACP）が生成し，それを所定時間熟成するとえられる。また，pH が 4〜6 の酸性溶液では $CaHPO_4$（DCPA）や $CaHPO_4 \cdot 2H_2O$（DCPD）が生成し，中性領域では $Ca_8H_2(PO_4)_6 \cdot 5H_2O$（OCP）が生成する。このようにリン酸カルシウムの液相合成では，原料溶液の濃度や pH などが生成するリン酸カルシウムの組成や性質に対して大きく影響する（表 7-7）。しかし，これらのリン酸カルシウムは HAp がもっとも低い溶解度積（表 7-8）をもつ化合物であることから，適当に液相の条件をかえるとすべて HAp に変化してしまう。

表 7-7　おもなリン酸カルシウム類

リン酸カルシウム	略名	化学式	Ca/P モル比	備考
ハイドロキシアパタイト	HAp	$Ca_{10}(PO_4)_6(OH)_2$	1.67	
フッ素アパタイト	FAp	$Ca_{10}(PO_4)_6F_2$	1.67	
炭酸アパタイト	CAp	$Ca_{10}(PO_4)_{6-x}(CO_3)_x(OH)_2$	1.5–1.66	
リン酸三カルシウム	TCP	$Ca_3(PO_4)_2$	1.50	α, β, α'
リン酸八カルシウム	OCP	$Ca_8H_2(HPO_4)_6 \cdot 5H_2O$	1.33	
リン酸水素カルシウム二水和物	DCPD	$CaHPO_4 \cdot 2H_2O$	1.00	
リン酸水素カルシウム	DCPA	$CaHPO_4$	1.00	
リン酸四カルシウム	TeCP	$Ca_4(PO_4)_2O$	2.00	固相反応
非晶質リン酸カルシウム	ACP	$Ca_3(PO_4)_2 \cdot nH_2O$	約1.5	液相反応
リン酸二水素カルシウム一水和物	MCPM	$Ca(H_2PO_4)_2 \cdot H_2O$	0.50	
リン酸二水素カルシウム	MCPA	$Ca(H_2PO_4)_2$	0.50	

表 7-8　リン酸カルシウム類の溶解度積

リン酸カルシウム	溶解度積／K_{sp}
ハイドロキシアパタイト	6.62×10^{-126}
α 型リン酸三カルシウム	8.46×10^{-32}
β 型リン酸三カルシウム	2.07×10^{-33}
リン酸八カルシウム	1.01×10^{-96}
リン酸水素カルシウム二水和物	2.59×10^{-7}
リン酸水素カルシウム	1.83×10^{-7}
フッ素アパタイト	6.30×10^{-137}

図 7-2 には，37℃ における $Ca(OH)_2$–H_3PO_4–H_2O 系の液相反応での

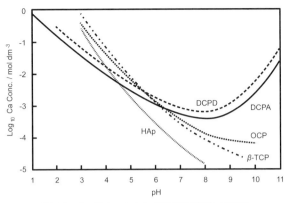

図7-2　リン酸カルシウムの溶解度等温線（37℃）

リン酸カルシウムの溶解度等温線を示した。図から，pH4.5以下では DCPAが，それ以上ではHApが安定相となり，熱力学的にはOCPや TCPはすべてのpH領域において準安定相であることがわかる。弱酸性から中性の生体を模擬した条件では，原料溶液のわずかな条件の違いなどから，初相としてはDCPD，DCPA，OCPが生成するが，それらはやがて安定相のHApに変化する。

　通常，HApを合成する場合には，懸濁液のpHを9以上のアルカリ領域にして長時間熟成するが，化学量論組成のHApを合成することは難しい（図7-3）。また，液相法では水溶液中に溶け込んでいる炭酸イオンの混入も避けられない。HApの溶解度積は非常に小さく，また結晶成長速度も緩慢なことから，水溶液反応でえられたHAp粒子は0.2〜0.5 μmの微細な板状結晶の凝集粒子となる。原料溶液の種類や濃度，合成温度，懸濁液のpHをかえることで生成したHApの粒子径や粒子形態は変えられるが，合成温度を高めたり，pHを低めたりしてHApの溶解度を高めるような方法で合成すると結晶成長した大きな粒子径のものがえられる。しかし，化学組成としては化学量論組成からずれた

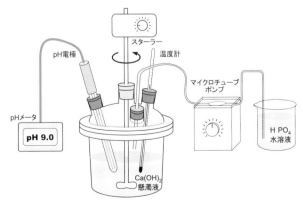

図7-3　水溶液法によるハイドロキシアパタイトの合成装置

HAp が生成しやすくなる。

加水分解法　すでに示したように DCPD，DCPA，OCP などのリン酸カルシウム類の沈殿物を適当なアルカリ性の水溶液中に懸濁させると，沈殿物の相平衡が変化して HAp が安定となり，やがて沈殿物の組成は HAp となる。しかし，このような場合，原料の DCPD や DCPA などの粒子形態を保持して HAp に転化するために原料粉体の形骸粒子になる。これは原料のリン酸カルシウムの溶解と HAp の析出とが原料粉体のごく表面部分で比較的ゆっくりと起こることに起因する。たとえば，DCPD を原料にした場合には板状の HAp がえられる。

水熱法　高温・高圧の水が関与する反応であり，この方法でえられた生成物は，一般に高純度（低不純物），高結晶性，低凝集性の沈殿物がえられる。一般に水熱法は結晶育成のために用いられるが，結晶成長させずに結晶化のみを起こすことで微細な高結晶性の HAp がえられる。非晶質リン酸カルシウム（ACP）を原料にし，それをアルカリ性の水溶液にいれて水熱処理すると 50〜100 nm 程度の微細な板状の HAp がえられる。また，Ca の欠損性は低下し，化学量論組成の HAp がえられやすい。

均一沈殿法　Ca^{2+} イオンと PO_4^{3-} イオンとを含む混合溶液中に尿素を加えて加温する。加温によって尿素が CO_2 とアンモニアに分解することから反応溶液系の pH がゆっくりと上昇して HAp が析出する。この場合，テープ状の OCP がまず析出し，それが水中で HAp に転化する。

噴霧熱分解法　Ca^{2+} イオンと PO_4^{3-} イオンとを含む混合溶液を空気とともに二流体ノズルで 600〜1000℃ の加熱した電気炉内に吹き，霧化した溶液を熱分解して HAp 結晶を合成する。生成した HAp 粉体は中空の球状粒子（〜5 μm）になる。霧化装置を二流体ノズルから超音波発生装置に変えた超音波噴霧熱分解法もある。超音波で霧化してえた球状の HAp の粒子径は 0.5〜1 μm と小さく，さらに粒度分布も狭い。生成粒子の平均径は二流体ノズルの場合にはおもにノズルからでる液量と空気量に依存するが，超音波の場合には超音波の周波数に依存する。

固相反応（固相法）　2 種類以上の原料粉末を混合し（Ca/P モル比＝1.67），水蒸気雰囲気下 1,000〜1,200℃ の温度に加熱して HAp 粉末を合成する手法である。雰囲気を水蒸気にする理由は，HAp 構造中の水酸化物イオンの脱離を防ぐためである。合成プロセスは簡単であるが，大量生産には不向きである。また，生成した原料粉体の粒子径や形態（約数 μm〜数十 μm の不定形焼結粒子）の制御などには不向きであるが，化学量論組成の HAp 粉末を合成するには最適である。固相法

表7-9 ハイドロキシアパタイトの主な合成例と特長

合成法	方 法	生成物の特長	備 考
水溶液反応	カルシウム塩類水溶液とリン酸塩水溶液との反応で生成した沈殿懸濁液のpHをアルカリ性にする。	HAp粒子は0.2〜0.5 μmの微細な板状結晶の凝集粒子(比表面積50〜70 m²g⁻¹)。	非化学量論組成HAp
加水分解反応	DCPD, DCPAなどのリン酸カルシウム類の原料粉体をアルカリ性水溶液中に所定時間懸濁させる。	原料のDCPDやDCPなどの粒子形態を保持してHApに転化する。	非化学量論組成HAp
水熱育成法	300〜700℃, 8.6〜200 MPaの飽和水蒸気圧条件下でHApを種子結晶として水熱育成する。	六角柱状結晶または{001}面の成長した0.1〜3 mmの針状HAp単結晶がえられる。	化学量論組成HAp
水熱結晶化法	非晶質リン酸カルシウム(ACP)を原料にしてpH10に調整したアルカリ性水溶液にいれ, 150〜200℃, 5〜24時間水熱処理する。	50〜100 nm程度の微細な板状のHApがえられる。	化学量論組成HApの生成
均一沈殿法	Ca²⁺イオンとPO₄³⁻イオンとを含む混合溶液中に尿素を加えて加温する。加温によって尿素がCO₂とNH₃に分解し, 結晶が析出する。	テープ状OCPが析出し, それがHApに転化する。えられたHApは200〜500 μm板状結晶である。	Ca欠損した炭酸含有HAp
スプレードライ法	HAp懸濁液をアトマイザーで円錐状の乾燥器中に噴霧しながら乾燥する。	数十μm〜数百μmの球状集合体がえられる。	
噴霧熱分解法	Ca²⁺イオンとPO₄³⁻イオンとを含む混合溶液を空気とともにノズルで加熱した電気炉内に吹き, 霧化した溶液を熱分解してHAp結晶を合成する。	HAp粉体は中空の球状粒子(〜5 μm)になる。超音波でえた球状のHApの粒子径は0.5〜1 μmと小さい。	
アルコキシド法	カルシウムジエトキシド溶液とリン酸トリエチルとをCa/Pモル比=1.67にし, それを加水分解・重縮合させてゲル化させる。	ゲル状前駆体物質を加熱すると100〜200 nmの粒状HApがえられる。	化学量論組成HAp

に用いられる代表的な化学反応式の例を以下に示す。

$$3Ca_3(PO_4)_2 + CaO + H_2O \rightarrow Ca_{10}(PO_4)_6(OH)_2 \qquad (7-1)$$

HApの合成法には, このほかにアルコキシド原料を用いたゾルゲル法, 加熱脱水反応を用いた錯体重合法, 電気化学的に溶液内で晶析させる電析法, 界面活性剤を用いたエマルション法などが知られている(表7-9)。

(2) リン酸三カルシウム

リン酸カルシウム系セラミックスのうち, リン酸三カルシウム(TCP)セラミックスは生体吸収性(生体内崩壊性)という性質をもち, 同質のHApセラミックスに比べて生体内での溶解性が高く, 移植後に生体内で溶解し逐次新生骨に置換する。骨の再生や再建を期待する上で, TCP系セラミックスのように生体内で崩壊しながら自家骨の形成を促す材料は理想的な生体材料である。さらにTCP系セラミックスの特長には, HApを焼結する場合には構造内にあるOH(構造水)の揮発に

注意しながら限られた焼結条件および装置で行わなければならないが，TCP の場合には，容易に常圧焼結できる利点があり，製造プロセスからも魅力的な材料といえる。

　TCP には，β–TCP，α–TCP，α'–TCP および γ–TCP の 4 つの多形の存在が知られている。このうち，β–TCP と α–TCP が低温で安定に存在することから，表 7-10 に示すような結晶学データと物性が明らかにされている。β–TCP と α–TCP の結晶構造は異なり，密度を比較してみると β–TCP より α–TCP のほうが『ルーズな構造』になっている。そのため，溶解度も β–TCP より α–TCP のほうが高い。そのため，α–TCP は水和反応を起こし硬化するが，β–TCP は容易には水和反応を起こさない。このような性質から α–TCP は骨セメントの原料として，β–TCP は焼結体として臨床応用されている。

表 7-10　リン酸三カルシウムの結晶学的データ

	α–リン酸三カルシウム	β–リン酸三カルシウム	α'–リン酸三カルシウム
化学式	α–Ca$_3$(PO$_4$)$_2$	β–Ca$_3$(PO$_4$)$_2$	α'–Ca$_3$(PO$_4$)$_2$
結晶系	単斜晶	菱面体晶（六方晶）	不明
空間群	$P2_1/a$	$R3c$	不明
格子定数	a:1.28872 nm		
	b:2.72804 nm	a:1.04391 nm	不明
	c:1.52192 nm	c:3.73756 nm	
	β:126.201°		
密　度	2.863 g/cm^3	3.067 g/cm^3	不明
転移温度	α–α' 転移 1,430℃	β–α 転移 1,125℃	融点 1,756℃
応用例	骨ペーストセメント	焼結体（緻密体，多孔体）	

　図 7-4 に β–TCP の模式的な構造を示した。β–TCP の結晶構造は $R3c$（菱面体晶）で，六方晶系設定で説明すると（a）は c 軸方向から見た構造で，A カラムの周りを 6 個の B カラムが取り囲む 6_2 回転軸

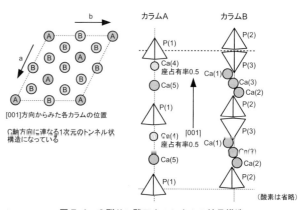

図 7-4　β型リン酸三カルシウムの結晶構造

をもつ c 軸方向に伸びたトンネル構造を示す。(b) は c 軸に沿って見た構造で，A カラムと B カラムの原子の配置の違いがわかる。A カラムは–P–Ca(4)–Ca(5)–P–□–Ca(5)–の繰り返し（□：空孔）で，B カラムは–P–Ca(1)–Ca(3)–Ca(2)–P–の繰り返し構造となる。とくに A カラムの Ca(4) の席占有率 0.5 となり，結晶構造内に空孔をもつ。

リン酸三カルシウムの合成　2 種類以上の原料粉末を混合し（Ca/P モル比＝1.50），大気雰囲気下 1,000～1,200℃ の温度に加熱して TCP 粉末を合成する固相反応法が一般的である。しかし，β–TCP から α–TCP への相転移温度が 1,120～1,180℃ にあるため，β–TCP を合成する場合には加熱温度を 900～1,100℃ とし，α–TCP を合成する場合には加熱温度を 1,200～1,300℃ として冷却温度を速めてえる。この冷却時の α–TCP から β–TCP への相転移速度は比較的遅いことから，α–TCP を単相でえることは比較的容易である。もう 1 つの方法として，水溶液法（合成時の Ca/P モル比＝1.50）によって ACP を合成し，それを加熱脱水する方法がある。ACP は加熱により脱水すると，600～700℃ で α–TCP になり，800～1,100℃ で β–TCP に相変化し，1,200℃ 以上でもう一度 α–TCP に相変化する。

　TCP セラミックスをえる場合，あらかじめ作製した TCP 粉末を成形，焼成して焼結体とする。β–TCP セラミックスの場合，転移温度を考慮して 1,100℃ で焼結し，α–TCP セラミックスの場合には 1,200～1,300℃ で焼結する。TCP セラミックスは生体吸収性材料として注目されていることから，緻密な焼結体よりは 100～300 μm の気孔径をもつ多孔質な焼結体が作製されている（図 7-5）。

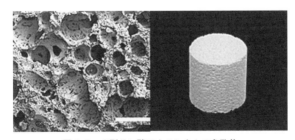

図 7-5　β 型リン酸三カルシウムの多孔体

（3）アルミナおよびジルコニア

　アルミナやジルコニアセラミックスは生体不活性な材料である。しかし，これらの材料は力学的性質として高硬度（破壊応力：大，ひずみ：小）であるため，耐摩耗性が必要とされる関節の摺動部に使用されている。図 7-6 は人工股関節である。人工股関節には主にソケット，ライ

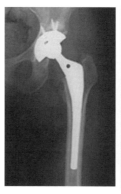

骨リモデリング

　骨リモデリングは，骨芽細胞，破骨細胞，ホルモンおよびサイトカインが関与する複雑な機構であり，たえず骨は吸収と形成とを繰り返している。骨芽細胞は未分化間葉系細胞由来して増殖，分化し形成される。一方，破骨細胞は多核の巨細胞で血液幹細胞の分化，融合により形成される。骨リモデリングには種々のホルモンおよびサイトカインが，骨芽細胞や破骨細胞の分化や機能調節に関与し，また，骨形成量と骨吸収量とがほぼ等しくなるよう調整され，正常な骨リモデリングでは骨量の変化は起こらない。この際の骨芽細胞と破骨細胞との間にカップリングが起こり，密接な情報伝達に種々のホルモンやサイトカインが関与する。

（a）レントゲン写真　　　（b）外観　　　（c）骨頭（アルミナセラミックス）

図7-6　人工股関節

ナー，骨頭，ステムの4つの部品から構成されている。これを材質の視点で分けるとセラミックス材料（アルミナ・ジルコニア），高分子材料（超高分子量ポリエチレン）および金属材料（チタン合金等）のすべての材料が使われ，各材質・材料の長所を十分に生かした生体材料といえる。まず，生体骨に直接埋め込まれるステムとソケットは金属材料でできていて，ステムは股関節にかかる大きな力に耐えてヘッドを支えるために土台として大腿骨に埋め込み，ソケットはライナーを支えるために土台として臼蓋に埋め込む。いずれも金属材料の優れた機械的強度とその信頼性によって利用されている。ライナーは臼蓋側で関節面の役割を果たす。これには耐摩耗性やクッション性（柔軟性）も重要視されて超高分子量ポリエチレンが利用されている。骨頭はライナーと直接接触する部分で，優れた硬度による耐摩耗性や生体物質が接着しない生体不活性な性質をもつアルミナやジルコニアが用いられている。このような材料設計はそのほかの人工膝関節，人工肩関節，人工肘関節にも利用されている。

（4）組織工学と足場材料

　再生医学とは組織工学（tissue engineering）ともいい，胎児期にしか形成されない人体組織・臓器が病気や事故等で欠損した場合にその機能を回復させる医学分野である。現在，再生医学には，クローン作製，臓器培養，多能性幹細胞培養技術（ES細胞，iPS細胞），自己組織誘導技術などがある。このうち自己組織誘導は，細胞と分化あるいは誘導因子（シグナル分子）・物理的な刺激と足場材料を組み合わせることによって，2次元または3次元的に形態をもった組織・臓器を再生する技術である（図7-7）。従来の人工臓器（人工透析や人工心臓など）による機能の回復には限界があること，臓器移植医療にも倫理や免疫等の問題があることから，組織工学には大きな期待が寄せられている。

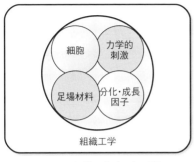

図7-7　組織工学（再生医学）

表7-11　足場材料として必要とされる条件

1	細胞が分化・増殖するための細胞接着性
2	組織再生するスペースの確保
3	外部からの異組織の侵入阻止
4	再生する組織・臓器の形態決定
5	細胞増殖因子の貯蔵と徐放
6	細胞への酸素と栄養分の補給路の確保
7	材料強度の保持
8	生体分解吸収性をもつ

　組織工学がもっとも注目された研究は1992年に医者のジョセフ・ヴァカンティとチャールズ・ヴァカンティ，医療用生体材料技術者のロバート・ランガーによるヒト耳マウスと考えられる。彼らは以前より細胞培養して立体的な複雑な構造をつくることができないかを研究していた。その研究の中で，軟骨細胞を入手し，PGA（ポリグリコール酸）の繊維状足場材料に細胞を撒いて培養をした結果3～4ヶ月で耳の形をつくることができた。使用した足場材料のPGAは次第に生体内に吸収されてなくなる。この足場材料を用いて組織に形を形成させる技術と高度に発展した幹細胞を増殖，分化させる細胞培養技術によって自己組織誘導技術が発展した。

　足場材料としては生体吸収性材料が用いられ，セラミックス材料ではリン酸三カルシウム多孔体，炭酸アパタイト多孔体などが中心に検討されている。足場材料として必要とされる条件を表7-11に示した。このような条件を満たす足場材料の開発が進行している。

　一方，幹細胞技術として，骨髄の中には血液系のすべての細胞を作り出すことのできる造血幹細胞と，それを取り囲むストローマ細胞が存在する。このストローマ細胞の中に間葉系幹細胞が存在する。間葉系幹細胞は，骨芽細胞，軟骨細胞，脂肪細胞へと分化することは古くから知られていたが，この幹細胞は心筋細胞，神経細胞，皮膚細胞，肝細胞などへも分化することが明らかになっている（図7-8）。

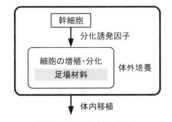

組織・臓器などの再生

図7-8　足場材料を用いた組織工学の例

骨細胞の分化マーカー

　骨細胞には大きく分けて骨芽細胞と破骨細胞とがある。骨芽細胞は未分化間葉系細胞から骨芽細胞の前駆細胞（骨芽細胞様細胞）となり，骨芽細胞へと分化する。この際，細胞分化を観察するために骨代謝マーカーを調べる。骨芽細胞は未分化ではまず短時間でBMP-4を産生し，前駆細胞に分化するとI型コラーゲン，アルカリ性ホスファターゼ（ALP）を順次産生し，骨芽細胞に分化し，骨化するようになるとオステオポンチン（osteopontin）およびオステオカルシン（osteocalcin）を産生する。一方，破骨細胞は血液幹細胞の分化と融合によって多核の巨細胞の破骨細胞になると酒石酸耐性酸性ホスファターゼ（TRAP），カテプシンKが産生される。

幹細胞の分化

　胚性幹細胞（ES細胞）は発生初期の幹細胞であり，高い増殖性と多様な分化能をもつ。生体内または試験管内で幹細胞に分化誘導因子が作用するなど適度な刺激が加わると，幹細胞はそれぞれの組織の特徴のある形態と機能を獲得して（組織幹細胞），それぞれの組織や器官を形成する（成熟細胞）。幹細胞から特徴ある組織や器官の成熟細胞への変化が細胞分化である。このような細胞増殖・分化にはホルモンやサイトカイン（細胞の作動因子）が関与している。

　たとえば，骨組織の再生を行う場合，自家の骨髄の中の間葉系幹細胞を取り出し，この間葉系幹細胞に骨芽細胞に分化する誘導因子を入れ，骨芽様細胞（前駆細胞）を分化，増殖させる（生体外での細胞培養）。この骨芽様細胞をリン酸三カルシウム多孔体の足場材料に接着固定し，これを生体内の欠損した骨組織に埋入する。こうすることでより早期に骨組織が再建でき，患者のQOLを高めることができる（図7-9）。

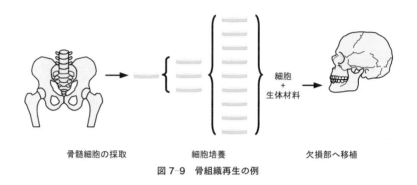

骨髄細胞の採取　　　　　細胞培養　　　　　欠損部へ移植

細胞
＋
生体材料

図7-9　骨組織再生の例

（5）生体活性ガラスおよび結晶化ガラス

　ガラスは，原料を溶融して冷却固化するため，リン酸カルシウムの多結晶体のような焼結工程を経ないことから，気孔などの内部クラックなどが少なく力学的性質は優れている。生体ガラスの代表的なものにはヘンチらのBioglass®（SiO_2:45.0 mass%，CaO:24.5 mass%，Na_2O:24.5 mass%，P_2O_5:6.0 mass% のガラス組成）があり，骨に近い弾性をもつ。このガラスは生体内でNa^+イオンとCa^{2+}イオンとが急速に溶出することでその表面にシリカリッチ層を形成し，骨類似アパタイト層を生成することによって短期間に骨や生体軟組織と結合する特徴をもつ。このほかに広く臨床応用されているガラスには小久保らが開発した，ガラスを冷却する際に，ガラス中に微細な結晶を結晶化させた高い圧縮強さをもつA-W結晶化ガラス（MgO–CaO–SiO_2–P_2O_5–CaF_2 系ガラス：Cerabone®）がある。

7.2.2　医療用セラミックス機材・機器

　この分野には，生体情報をえる器官を代替するセラミックスセンサ，直接細胞とは接触せずに生体の各種情報をえるセラミックスセンサ，セラミックスを用いた医用診断機器などがある。表7-12に人間の感覚に対応するセラミックセンサの例を示した。生体情報をえる器官を代替したり，生体の各種情報をえるセンサのほとんどはセラミックスセンサである。これらは電子セラミックス材料として近年発達した技術である。

サーミスタ　　サーミスタ（thermistor）は，温度変化に対して電気抵抗の変化の大きいセンサであり，NTCサーミスタやPTCサーミスタ

セラミックスの導電性

　一般的にファインセラミックスは絶縁体であるが，電気を通す「半導体セラミックス」もある。たとえば，温度を上げると抵抗が下がり，電気が流れやすくなる性質を利用したサーミスタは，温度の変化を監視するセンサや電化製品の過熱を防止する装置などに使われている。また，抵抗値を自由に制御できる性質をもつバリスタ（バリアブルレジスター）は，電子回路に必要以上の電圧がかかるのを防ぐ回路などに使われている。

表 7-12　人間の感覚に対応するセラミックセンサ

検出対象	セラミックセンサ（化合物）
熱 （温度センサ）	NTC サーミスタ（NiO, MnO, CoO, FeO 等の混合酸化物），PTC サーミスタ（$BaTiO_3$），焦電型赤外線センサ（PZT:$Pb(Zr_xTi_{1-x})O_3$），水晶発振器（SiO_2），トランジスタ，ダイオード
光 （電磁波センサ）	太陽電池（pn 接合），CdS セル（CdS），電荷結合素子（CCD），写真乾板（ハロゲン化銀），フォトダイオード（pn 接合，光励起効果），フォトトランジスタ
圧　力 （圧力センサ）	圧電素子（PZT, PT:$PbTiO_3$），ダイヤフラム式圧力センサ（MEMS），半導体圧力センサ，心拍計
磁　気 （磁気センサ）	永久磁石（ハード磁性材料），磁気ヘッド（フェライト），SQUID（超伝導量子干渉素子，ジョセフソン素子），磁気抵抗素子（MR 素子）プロトン磁力計（磁気共鳴型磁気センサ）
気　体 （気体センサ）	CO・メタン・プロパン・水素・アルコールセンサ（SnO_2,ZnO 半導体），NO_2・NO センサ（WO_3 半導体），O_3 センサ（Fe_2O_3–In_2O_3 半導体）フロンセンサ（S–修飾 SnO_2 半導体），CO_2・NO_2・NO センサ（NASICON 型固体電解質），O_2・SO_2・NOx センサ（ジルコニア固体電解質）
バイオセンサ	生体物質吸着（水晶発振器：QCM），DNA チップ

などがある（図 7-10）。NTC サーミスタは温度の上昇に対して抵抗が減少するサーミスタである。温度と抵抗値の変化が線形を示すことから，温度検出用センサとして体温を測定するデジタル体温計のセンサとして利用される。その成分には NiO, MnO, CoO または FeO などの酸化物を混合したセラミックスである。一方，PTC サーミスタは NTC サーミスタとは逆に抵抗が増大するサーミスタである。温度センサのほか，電流を流すと自己発熱によって抵抗が増大し，電流が流れにくくなる性質を利用して電流制限素子として用いられる。PTC サーミスタはチタン酸バリウム（$BaTiO_3$）に添加物（Sr，Pb）を加えたセラミックスであ

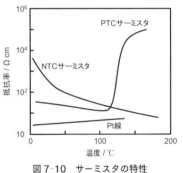

図 7-10　サーミスタの特性

Column　材料への細胞接着

　正常細胞は，シャーレなどの実験容器などの表面に接着しなければ増殖，分化しない。足場材料でも細胞接着が重要となる。細胞から産生された細胞外マトリックス（コラーゲン，フィブロネクチン等）が材料表面に吸着し，細胞膜タンパクのインテグリンがこの細胞外マトリックスの RDG（アルギニン–グリシン–アスパラギン酸）配列と結合して接着する。

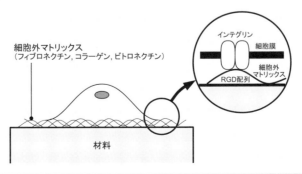

表 7-13 医療用レーザーの特長

分類	名称	波長／nm	利用と特長
気体	Ar⁺ レーザー	488・515	青色〜緑色の可視光レーザー，浸透型レーザー，ヘモグロビンによる吸収が高い。PDT（光線力学療法）にも利用。
	He–Ne レーザー	633	朱色の可視光レーザー，内科的レーザー治療に利用。
	CO_2 レーザー	10,600	象牙質透過性をもたない表面吸収型レーザー，100 W 級の高い出力。血液凝固作用をもち，組織切開などの軟組織に利用。
固体	Nd:YAG レーザー	1,064	水，生体組織の吸収率は中程度。血液凝固作用をもち，黒色色素に高い吸収性をもつ。
	Er:YAG レーザー	2,940	軟組織硬組織両用のレーザー，水と骨（ハイドロキシアパタイト）の吸収が高い。
半導体	半導体レーザー	655–980	組織透過型レーザー，軟組織用レーザー，赤血球への吸収性が高い。

る。チタン酸バリウムのキュリー温度付近で急激に電気抵抗が増大する特徴を利用している。

医療用レーザー　現在の医療に各種のレーザーが用いられている（表 7-13）。とくに歯科用レーザーは歯牙および口腔軟組織さらには顎骨など関連生体組織の治療などに用いられている。

　最近注目されているのは歯や骨を治療するための硬組織用レーザーである。これには Er：YAG レーザーと Er.Cr：YSGG レーザーがある。硬組織用レーザーとしての必要な条件には，人体の硬組織に対して熱などによる生体組織への侵害作用がないことである。Er：YAG レーザーと Er.Cr：YSGG レーザーは水分子へのエネルギー吸収が高いため，歯や骨の生体組織に当てたときに生体の中にある水分の表層にだけ反応して熱が生体内部に残存しにくい。

　レーザー（laser）とは，光を増幅してコヒーレント（波長，位相がそろった）な光を発生させる装置またはその光をいう。レーザー光は収束性や指向性に優れている。レーザー発振器は，キャビティ（光共振器）とその中に設置された媒質（固体，液体，ガス）および媒質をポンピング（電子をより高いエネルギー準位に持ち上げること）するための装置から構成される。キャビティは，基本的には 2 枚の鏡が向かい合った構造をもつ。波長がキャビティ長さの整数分の一となるような光は，キャビティ内をくり返し往復し，定常波を形成する。キャビティ内の光は媒質を通過するたびに誘導放出により増幅される。キャビティを形成する鏡のうち一枚を半透鏡にすれば，一部の光を外部に取り出すことができ，レーザー光がえられる。

　レーザー光の発生原理は，媒質の三準位モデルなどの量子力学的エネ

ルギー構造で説明できる。三準位モデルとは，伝導体（E_1）と価電子帯（E_3）とそれらの間に不純物原子によるエネルギーレベル（E_2）をもつである。この媒質に $E_3-E_1 = h\nu_{13}$ の励起光をあてると E_1 の電子は E_3 に励起される。E_3 の電子は不純物原子によるエネルギーレベル（E_2）には容易に移行するが，E_2 から E_1 への移行は遅く，E_2 レベルに電子がたまる。そこに $E_2-E_1 = h\nu_{12}$ の励起光があたると E_2 レベルにたまった電子も E_1 に移行するため，増幅された光が発生する。この $h\nu_{12}$ の光がキャビティ内をくり返し往復して定常波を形成しさらに増幅される（図7-11）。

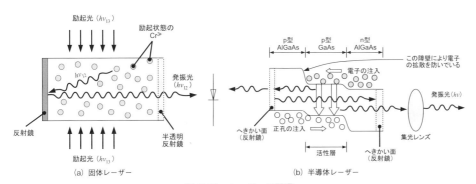

図 7-11　レーザーの原理

内視鏡（ファイバースコープ）　　内視鏡（Endoscope）は，おもに人体内部を観察することを目的とした医療機器である。本体に光ファイバーなどを用いた光学系を内蔵し，先端を体内に挿入することによって内部の映像を生体外のディスプレイで観察することができる。最近では観察以外にある程度の手術や標本採取ができるものもある。

　ファイバースコープには，光ファイバーを用いたものと CCD カメラを用いたものとがある。多くの内視鏡は光学系とは別の経路をもち，局所の洗浄，気体や液体の注入，薬剤散布，吸引，専用デバイスによる処置などが可能である。経路数と送気の有無は気管支，胃，小腸，大腸などの用途によって異なる。

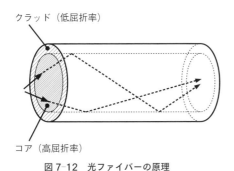

図 7-12　光ファイバーの原理

　光ファイバーはコア（core）と呼ばれる芯とその外側のクラッド（clad）と呼ばれる部分，さらにこれらを覆う被覆層の3重構造になっている。クラッドよりもコアの屈折率を高くすることで，全反射や屈折により伝播する光をコア中に閉じこめて伝送することができる（図7-12）。ガラス製の光ファイバーの製造は母材製造（プリフォーム）と線引きの2段階より構成される。母材製造法には，ロッドインチューブ法，MCVD法，OVD法（Outside vapor deposition method），VAD法（Vapor phase axial deposition method, 気相軸付け法）があり，これらは他の手法に比べ低コストで，大量のファイバー製造に向いている。

8

エネルギー・環境・資源とセラミックス材料

　酸化亜鉛（ZnO）は，六方晶ウルツ鉱型結晶構造を有し亜鉛華や亜鉛白とも呼ばれ，白色顔料として塗料などに利用されたり，化粧品，日焼け止め，医薬品にも使われる。SEM写真は水溶液法から調製した酸化亜鉛で，結晶構造に起因した結晶成長を起こして六角柱状の粒子径となる。

2,000x 5.00μm WD: 9.2mm 2.5kV 2019/07/16 23:35:56 S

8.1　エネルギー関連セラミックス

　現在，世界の多くの産業分野では，地球温暖化，異常気象，環境汚染，資源の枯渇化などの資源環境問題が大きな課題となっている。地球環境が変化すると人類や生態系に大きな影響をおよぼすことから，地球規模での環境保全を念頭においた科学および材料技術，すなわち省資源および資源の有効活用，環境に関連した新素材・新材料の創製，廃棄物のリサイクルなどの低炭素社会実現への新技術が強く求められている。エコマテリアルとは，環境保全を意識した地球や人に優しい材料をさし，新エネルギー・省エネルギー・省資源・未利用資源利用・環境保全に関連した材料分野として近年注目されている。表 8-1 にエコマテリアルの分類を示す。セラミック材料も多くの産業分野において環境関連材料として非常に注目されている。今後は負荷を軽減し，継続的な発展を可能とする資源・材料サイクルの環境評価（LCA：life cycle assessment）も必要となる。ここでは，将来を含めた環境・エネルギー関連セラミックスについて概説する。

表 8-1　エコマテリアルの分類（セラミックス編）

環境問題	エコマテリアルへの要求特性	エコマテリアル
温暖化防止	二酸化炭素の排出削減，化石燃料の利用削減，低炭素社会の実現，省電力，省エネルギー	二酸化炭素を排出しない発電（太陽電池，燃料電池），電池材料（2 次電池），白色 LED，省電力・省エネルギー電気機器の新材料，熱電変換素子，CO_2 固定化剤，蓄熱・遮熱材料，超伝導体
廃棄物問題	廃棄物の削減，リサイクルの有効利用，ゴミ焼却灰等の有効利用，廃材の再利用	廃棄物リサイクルによる再生材料（セメント，各種希少金属材料），ガラス容器のリサイクル
オゾンホールの拡大問題	代替フロン，フロンの安全な分解処理	フロン系有機物の分解触媒
酸性雨問題	大気汚染物質（SOx，NOx）の削減	自動車の排ガス触媒，大気汚染物質の除去（脱硫剤，脱硝剤，光触媒）
水質・海洋汚染問題	水質汚染物質の削減	水質浄化剤（ゼオライト，活性炭，イオン交換体）下水汚泥焼却灰の再生材料，船底塗料用顔料
有害物質	有害物質（6 価クロム，水銀，鉛，カドミウム等）・毒性物質（毒性元素）の使用禁止，放射性物質の固化	無鉛ガラス（鉛フリー），無水銀電池，無鉛はんだ，無亜酸化銅船底塗料，ノンクロムのメッキ，無機顔料（カドミフリー，鉛フリー），放射性物質固化ガラス
資源の枯渇	省資源，希少元素の有効利用	希少元素に代わる化学組成の新材料，未利用資源を利用した新材料
生活空間のアメニティ	生態系への配慮，生活の質の向上	光触媒，無機系抗菌剤，抗カビ剤，消臭剤，脱臭剤，VOC の吸着・分解，撥水・親水材料

　新エネルギー政策では，化石燃料を使用しない，クリーンで無公害，しかも半永久的である太陽エネルギーが地球環境・エネルギー問題を解決できる新しいエネルギー源として期待され，太陽電池等が急速に発展している。さらに水素や炭化水素，メタノールなどの可燃性ガスと酸素ガスとの燃焼反応の化学エネルギーを電気エネルギーに変換する燃料電池が無公害，騒音も出ないことから都市型の小規模分散型の電源として，また，これらの電力を一時的に貯蔵するリチウムイオン電池や NAS 電池が注目されている。

（1）　太陽電池

　太陽の光エネルギーを直接電気エネルギーに変換する発電装置である太陽電池は，導電性の異なる p 型半導体（P ドープ）と n 型半導体（B ドープ）を接合（pn 接合）した構造が基本である。光エネルギーを受けて接合部に大量に発生した電子と正孔の対は，それぞれ n 型半導体，p 型半導体へと移動することによって両端に電位差が生じる。この現象を光起電力効果（photovoltaic effect）という。ここで両半導体を外部回路で結ぶと電流が流れる（図 8-1）。太陽電池は，① 太陽光スペクトルと太陽電池の感度スペクトルの整合性，② 太陽光エネルギーの密度

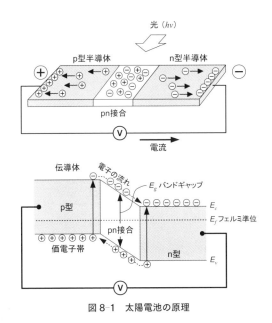

図 8-1　太陽電池の原理

は小さいので大面積が必要，③ 汎用電源と競合できる低価格，などの条件を満たさなくてはならない。代表的な材料は，結晶質シリコンやアルモファシスシリコン（a–Si）がある。蒸着またはスパッタ法によって作成される a–Si は，Si 原子から伸びる未結合手（ダングリングボンド）

が多いために，局在準位が生じて価電子制御が困難となり pn 接合がつくれない。しかし，SiH$_4$ をグロー放電してえた a–Si は，未結合手に水素が結合した水素化アモルファスシリコン（a–Si：H）となり，ダングリングボンドがほとんどなく，そのために局在電子密度が小さくなり，価電子制御できる。光－エネルギー変換効率は，単結晶 Si 太陽電池で約 20%，多結晶 Si で約 15% であり，製品寿命が長いという利点をもつ。一方，a–Si では約 12% と効率は少し劣る。しかし，a–Si には，① 大面積化が容易である，② 製造コストが低い，③ 薄膜でも十分な性能を発揮する，④ 集積化が可能である，などの利点をもつ。

　シリコン系以外の太陽電池として，CdTe 型等の化合物系太陽電池がある。多結晶 Si のエネルギー変換効率にはおよばないものの a–Si と同程度の変換効率をもつ。化合物系太陽電池には，このほかに CIS（Cu–In–Se）型または CIGS（Cu–In–Ga–Se）型がある。原理はシリコン系太陽電池とおなじ pn 接合によるものである。この化合物系太陽電池はシリコン系太陽電池以上の変換効率が期待でき，実験室レベルでは 40% を超えるものも報告されている。しかし，シリコンよりも原料が高価なこととモジュール化が難しいこともあり，人工衛星などの電源としては利用されているが一般的な普及率は低い。

　このほかに二酸化チタンの周りに色素を複合化した色素増感太陽電池がある。これは pn 接合を利用しない太陽電池で，グレッツェル型太陽電池と呼ばれている。製造コスト等は結晶 Si 太陽電池にくらべて格段に安価であり，実験室レベルでのこの太陽電池の変換効率は a–Si と同程度の変換効率（約 12%）をもつ。しかし，色素や電解質などに耐久性がないことから，他の太陽電池に比べて商品化は遅れている（コラム参照）。

　近年，全固体型太陽電池としてペロブスカイト型太陽電池も高い注目を集めている。ペロブスカイトは ABX$_3$ で表される組成の結晶構造の総称であり，酸化物ペロブスカイト（ABO$_3$）は強誘電体として知られ圧電素子などに利用されている。太陽電池には有機金属ハライドペロブスカイトが使用されている。図 8–2 によく使用されているヨウ化メチルアンモニウム鉛の結晶構造を示す。このペロブスカイトは 800 nm までの可視光に対応したバンドギャップを有し，これを発電層として用いた太陽電池の総称がペロブスカイト太陽電池である。基本的な構造は色素太陽電池のそれと一緒であるが，一番大きな違いは電解液を用いない点である。そのため，電解液の液漏れなどが起こらないだけでなく，全固体型であることによる軽量化も達成された。現在もペロブスカイトや電子輸送層の種類などの検討が行われており，光電変換効率 20% を超え

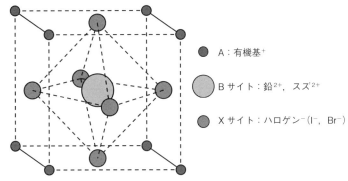

図8-2　ヨウ化メチルアンモニウム鉛の結晶構造

- A：有機基$^+$
- Bサイト：鉛$^{2+}$，スズ$^{2+}$
- Xサイト：ハロゲン$^-$（I$^-$，Br$^-$）

るものもある。

（2）　燃料電池

　燃料電池（Fuel Cell）は，自動車や家庭用の電力源として期待され，その発電方式もさまざま開発されている。電解質として酸やアルカリ水溶液，あるいは有機高分子イオン交換膜を用いる低温型（200℃以下），溶融塩を用いる中温型（300～700℃），固体電解質を用いる高温型（1,000℃前後）がある（表8-2）。ここではセラミックスを固体電解質として用いる固体酸化物型燃料電池（SOFC）を中心に説明する。

表8-2　各種燃料電池の特長

		固体高分子型（PEFC）	リン酸型（PAFC）	溶融炭酸塩型（MCFC）	固体酸化物型（SOFC）
作動温度/℃		80～100	190～200	600～700	800～1,000
燃料		H_2	H_2	H_2, CO	H_2, CO
電解質	電解質材料	イオン交換膜（膜）	リン酸（マトリックスに含浸）	Li_2CO_3, K_2CO_3（マトリックスに含浸）	安定化ジルコニア（薄膜）
	移動イオン	H^+イオン	H^+イオン	CO_3^{2-}イオン	O^{2-}イオン
反応	燃料極	$H_2 \rightarrow 2H^+ + 2e^-$	$H_2 \rightarrow 2H^+ + 2e^-$	$H_2 + CO_3^{2-} \rightarrow H_2O + CO_2 + 2e^-$	$H_2 + O^{2-} \rightarrow H_2O + 2e^-$
	空気極	$1/2O_2 + 2H^+ + 2e^- \rightarrow H_2O$	$1/2O_2 + 2H^+ + 2e^- \rightarrow H_2O$	$1/2O_2 + CO_2 + 2e^- \rightarrow CO_3^{2-}$	$1/2O_2 + 2e^- \rightarrow O^{2-}$
発電効率/%		30～40	40～45	50～65	50～70

　SOFCの発電原理は水の電気分解の逆反応である。すなわち，酸素と水素から水が生成する際に発生する電圧を利用する。その基本的構造は他の電池と同様であり，正極（空気極）と負極（燃料極）にはさまれた固体電解質からなる。ただし，燃料電池は常に燃料を供給しなければならず，また，活物質自身に電子伝導性がある材料を使用する必要がある。その動作原理を図8-3に示す。（a）は電解質が酸化物イオン導電体の場合である。正極から入った酸素（O_2）が，外部回路から入った電子

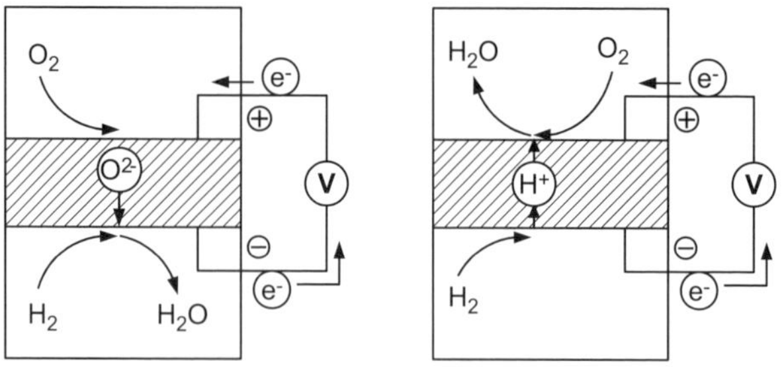

(a) 酸化物イオン導電体　　　　　(b) プロトン導電体
　（安定化ジルコニア）　　　　　（リン酸塩ガラス等）

図8-3　燃料電池の動作原理

を取り込んで酸化物イオン（O^{2-}）となり，その酸化物イオンが電解質中を移動して負極に達し，そこで水素（H_2）と反応して水（H_2O）を生成する。このとき，外部回路に放出される電子を酸化物イオンの生成に利用する。一方，（b）は電解質がプロトン伝導体の場合である。水素は負極で電子（e^-）を放出してプロトン（H^+）となり，このプロトンが電解質中を移動して正極に達し，そこで水が生成する。

　SOFC用の電解質に求められる特性には，①イオン電導性が高い，②電子伝導性を示さない，③物理・化学的に安定，④分解電圧が高い，⑤活物質と反応しない，などが挙げられる。このほかにも安価・無害・耐食性に優れるなどの性質が必要である。これらの条件を満足する物質として，酸化物イオン導電体として希土類元素を添加したZrO_2セラミックスが知られている。このZrO_2セラミックスは，温度が高いほどイオン導電性が良好となり，約1,000℃において約100%のイオン伝導体となる。現在もっとも有望なものは，10 mol% 程度のY_2O_3を添加したZrO_2（安定化ジルコニア）であり，室温から作動温度までの広い範囲において立方晶蛍石型構造を有し，その構造中に生成する酸素空孔（□）を介して酸化物イオン導電性が発現する。さらに高性能な燃料電池を実現するためには，より低温で高イオン導電性をもつセラミック材料として，プロトン伝導体型のリン酸塩ガラス等が開発されている。

（3）　NAS電池（2次電池）

　NAS電池は正極に硫黄，負極にナトリウムを活物質として使用し，これらはナトリウムイオンを含むβアルミナ（$\beta-Al_2O_3$:$Na_2O \cdot 11Al_2O_3$）で仕切られている。完全密封構造のセルの中では，ナトリウム（Na）と硫黄（S）は液体で，電解質は固体状態で存在している。その動作原理を図8-4に示す。電極を接続し放電する際は，ナトリウムイオンは負極のナトリウム相より固体電解質を通過して正極の硫黄相に移動する。電子は最終的には外部の回路を流れることになり，電力はこの電子の流

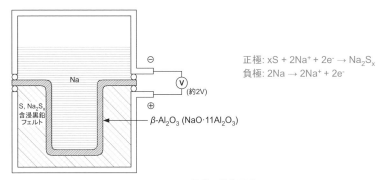

正極: $xS + 2Na^+ + 2e^- \rightarrow Na_2S_x$
負極: $2Na \rightarrow 2Na^+ + 2e^-$

図 8-4　NAS 電池の動作原理

れによるものである。放電過程では陽極で多硫化ソーダが生成され，負極のナトリウムは消費され減少する。一方，充電時は外部からの電力供給によって放電時と逆反応が起こり，負極ではナトリウムが生成される。これにより 2 次電池として NAS 電池が機能する。NAS 電池は中規模充電式電源として注目されている。

（4）　リチウムイオン電池（2 次電池）

リチウムイオン電池は正極にコバルト酸リチウム（LiCoO₂），負極にグラファイト（炭素）を使い，それぞれの極板を何層かに積み重ねた構造になる（図 8-5）。一般的には円筒型または角型の構造をしている。これらの単独の電池をセルと呼び，ノート PC などではセルを複数組み合わせて所定の電圧，容量を出すパックに仕上げている。

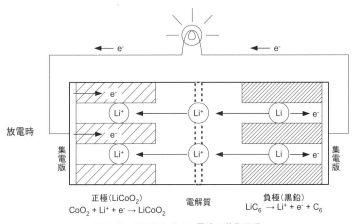

図 8-5　リチウムイオン電池の動作原理

リチウムイオン電池 1 個の電圧は平均 3.7 V である。同じ小型 2 次電池の仲間であるニッカド（NiCd）電池やニッケル水素（NiH）電池の1.2 V に比べて約 3 倍の電圧がえられる。また，ニッカド電池やニッケル水素電池のように，浅い充放電を繰り返すと容量が減少してしまうメ

モリー効果がないのが特徴である。使いたいときに使い，充電したいときに充電するいわゆる継ぎ足し充電が可能である。小型で軽量なユビキタス機器電源として最適な電池となっている。

　現在，リチウムイオン電池の正極材料で代表的なものは3種類あり，ニッケル酸リチウム（LiNiO$_2$），コバルト酸リチウム（LiCoO$_2$），マンガン酸リチウム（LiMn$_2$O$_4$）が知られている。LiNiO$_2$がもっとも高容量であるが，安全性に問題があり，実用化は難しいといわれている。LiMn$_2$O$_4$は安全性に最も優れ，また，最も安価な材料であるが，容量がわずかに少ないことが欠点である。現在，LiCoO$_2$が最もバランスの取れた正極材料として，これまで主に使われてきた（図8-6）。しかし，コバルトは原料コストが高く，価格変動が大きい。そこでこれらの化合物を複合化した，マンガンとコバルト，マンガンとニッケルの複合材が検討されている。いずれも充電電圧は4.2Vである。マンガン系は平均電圧がわずかに高く，ニッケル系は電圧が低いところで大きな容量をもつ。

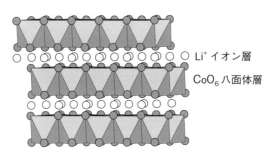

Li$^+$イオン層
CoO$_6$八面体層

LiCoO$_2$はLi$^+$層とCoO$_6$八面体層とがc軸方向に交互に積み重なった層状岩塩型構造をとり，充放電にともなって層間のLi$^+$イオンが容易に挿入─脱離反応を起こす。

図8-6　コバルト酸リチウムの結晶構造

　負極材料として使われているのは，ほとんどカーボン材である。もっとも一般的には，それらの構造が異なるグラファイトとコークスである。最近は高容量が得られ，また，低温での特性等に優れたグラファイトがメインに使われている。コークス系は放電による電圧の変化が大きいため，電圧で行う残量管理がしやすい特徴がある（6.5参照）。

　電解質（リチウムイオンを運び，電流の流れをつくる機能をもつ）には，そのバッテリーの高い電圧のために必要となる非水有機溶媒のリチウム塩である。リチウム塩は，その高い電圧のためにその水の電気分解が起きる可能性のある水溶液（たとえばニッケルカドミウムバッテリーで用いられている鉛酸）の代わりに用いられている。今後，2次電池として有望なリチウムイオン電池の特徴を表8-3にまとめた。

（5）熱電素子

　熱電素子は，半導体に温度差を与えると起電力が発生する（図8-7）。高温部では電子（e$^-$）と正孔（h$^+$）とが多数生成し，これらの濃度差

表8-3 リチウムイオン電池の特長

特　長	説　明
高電圧	リチウムイオン電池1個の電圧は平均3.7 Vである。NiH電池の1.2 Vに比べて約3倍の電圧がえられる。
高出力・高エネルギー密度（高出力・小型・軽量）	リチウムイオン電池の重量エネルギー密度はNiH電池の約2倍ある。また，体積エネルギー密度もNiH電池の2倍近くある。さらに大出力放電も可能な高出力型も開発されている。
無メモリー効果	NiH電池のように，浅い充放電を繰り返すと容量が減少してしまうメモリー効果がない。「使い切ってから充電しないと電池のためによくない」ということがない。
優れたサイクル寿命	充放電を繰り返すサイクル特性は1000回以上も可能である。
優れた急速充電性	急速充電によって短時間で満充電できる。
優れた保存特性	電池は使わずに放っておくと自己放電する。リチウムイオン電池の自己放電率は1か月で5%程度と低く，NiH電池の1/5以下である。
優れた安全性	リチウムイオン電池は危険なイメージがあったが，近年，電池に安全機構が組み込まれ，保護回路もあることから，その危険性はほとんどない。

（温度差）が駆動力なり，低温部に移動し起電力が生じる。これをゼーベック効果（逆反応：ペリチェ効果）という。さらに組成制御してp型とn型半導体をつくり，それらをpn接合して複数ならべてモジュール化し熱電発電（themoelective generation）システムを構成する。これはさまざまな発電規模を可能とし，適用温度範囲も広い，などから，新しい発電方法として期待されている。

$$Z = \alpha^2 \cdot \sigma / \kappa \tag{8-1}$$

α：ゼーベック係数（V/K），σ：導電率（S/m），κ：熱伝導率（W/m・K）による性能指数Zを用いて評価する。この特性向上には，ゼーベック係数が高いことは当然であるが，熱伝導率が小さく，導電率の大きな材

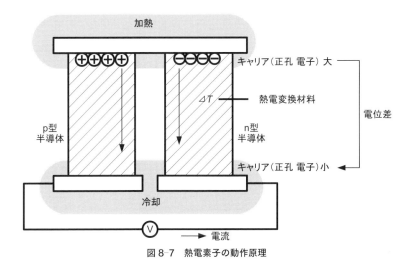

図8-7 熱電素子の動作原理

料が必要となる。これまでに，500 K 程度までの熱電素子材料にはビスマス−テルル（Bi−Te）系，800 K 程度までの場合には鉛−テルル（Pb−Te）系，1,000 K 程度にはシリコン−ゲルマニウム（Si−Ge）系などの非酸化物セラミックス系材料が用いられている（$ZT>1$）。一方，熱安定性に優れる酸化物セラミックスの熱電素子への利用も検討されている。これは焼却炉などの廃熱利用という観点から，1,300 K 以上でも使用できる材料が要求されている。酸化物セラミックスの一例を表 8-4 に示す。現在は非酸化物系に比べて性能指数は低い。しかし，コバルト酸塩やマンガン酸塩の酸化物が中心に検討されている。これらの酸化物はスモールポーラロンによるホッピング伝導体であり，さまざまな方法によって比較的容易に性能指数の向上が期待される。また，結晶構造内に超格子をつくることによって熱伝導性が向上し，熱電素子としての性能向上が見込まれる。

表 8-4　酸化物セラミックスの熱電特性

材　料	最適温度 /K	導電率 /S・m^{-1}	熱起電力 /mV・K^{-1}	熱伝導率 /W・m^{-1} K^{-1}	性能指数 /10^{-4} K^{-1}
$(Zn_{0.98}Al_{0.02})O$	1,273	37,000	-180	5.0	2.4
$(Ba_{0.4}Sr_{0.6})PbO_3$	673	28,000	-120	2.0	2.0
$Ca(Mn_{0.9}In_{0.1})O_3$	1,173	5,600	-250	2.5	1.4
$NaCo_2O_4$	576	51,000	150	1.3	8.8

（6）　水の光分解

　近年，水素自動車など水素をエネルギーとする技術が高い注目を集めている。水素をエネルギーとして活用する場合，その生成方法および貯蔵方法が重要となる。特に水から水素と酸素を生成する技術は，SDGsを支える技術の 1 つである。1970 年代に，水電解液中に白金電極と酸化チタン電極を入れ，酸化チタン電極に紫外光を照射することで，酸化チタン電極から酸素が，白金電極から水素が生成する水の光分解が報告された（本多−藤嶋効果）。この報告以降，光触媒を用いた水の光分解について活発に検討が行われてきた。二酸化チタンのみで光分解を行う研究も行われているが，この場合，助触媒として白金などを表面に担持する必要がある。基本的には紫外光が必要となるため，太陽光に多く含まれる可視光を利用した水の光分解反応の達成が望まれている。しかし，可視光に応答する光触媒のバンドギャップは，二酸化チタンのバンドギャップよりも小さく，伝導帯が水素生成準位よりも低くなり水素が発生しない。そのため，植物の光合成を模倣したシステムが構築されている（図 8-8）。このシステムでは，酸素発生と水素発生に異なる光触媒を用

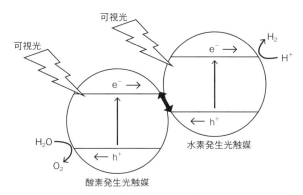

図 8-8　可視光照射による水の光分解（Z スキーム）

いる。それぞれの光触媒は可視光に応答し，2 段階で光励起することで，酸素発生と水素発生を実現している（Z スキーム）。

8.2　資源関連セラミックス

（1）　ゼオライト

ゼオライトは結晶性の多孔質アルミノケイ酸の総称である。Si を中心として形成される 4 つの O が頂点に配置したメタン型の SiO_4 四面体構造と，この Si が Al に置換された AlO_4 四面体構造であり，両方をあわせた $(Al, Si)O_4$ 四面体は TO_4 四面体と示されることもある。TO_4 四面体が隣の TO_4 四面体と酸素を共有し連結することで結晶を形成する。このとき，Al^{3+} イオンと Si^{4+} イオンで構成されるため，TO_4 四面体が連結することで形成する網目構造全体は縮合陰イオンとなる。そのため電気的に中和を保つために，アルカリまたはアルカリ土類金属を含む。代表的なゼオライトの構造を図 8-9 に示す。これらの図形の辺は，隣接する TO_4 四面体の Si と Al の T どうしを直線で結んだものであり，共有されている O は直線の中点近傍に存在する。A 型は立方晶系の合成ゼオライトであり，Si/Al モル比は 1 である。ゼオライトでは Al-O-Al 結合は存在しないので，アルミニウム濃度の最も高いゼオライトの 1 つであり，SiO_4 四面体と AlO_4 四面体が順番に結合し，規則的に組み立

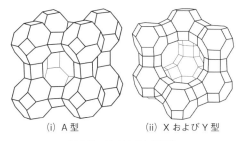

(i) A 型　　　　(ii) X および Y 型

図 8-9　ゼオライトの構造

てられた構造であることがわかる。交換カチオンの種類により異なるが，細孔口径は 0.4 nm 程度である。X 型および Y 型は立方晶の合成ゼオライトであり，スーパーケージと呼ばれる直径 1.3 nm 程度の広い空洞を有する。その入り口は直径約 0.7 nm の 12 員環であり，4 つの入り口で隣のスーパーケージと連結し，3 次元細孔を形成する。ここでは代表的な 2 つのゼオライトについて紹介したが，天然鉱物が 40 種類以上，合成化合物が 150 種類以上あり，イオン交換能や吸着能などの性質がそれぞれ異なる。

　前述したように，ゼオライトは多孔質材料であり，4 員環や 6 員環などの環の径により通り抜けられる分子の大きさが決定される。この機能は分子ふるい作用と呼ばれる。分子ふるい作用は環の径に依存することから，環の員数とそのゆがみの度合いにより変化する。様々な径を有するゼオライトの合成が可能であることから，分子サイズに基づいた吸着質の選別，分離を行うことが可能である。吸着した後の分解，重合反応などの表面での反応が起こらないことから，化学的に活性な化合物の乾燥も可能である。

　また，ゼオライトは，炭化水素の変換触媒として工業的に広く用いられている。このとき，反応の多くはカルベニウムイオンを中間体として進行し，ブレンステッド酸点が触媒として機能する。ゼオライトは，4 価の Si イオンと 3 価の Al イオンから構成されていることから，-1 の残余電荷を有する。この電荷は 1 価の陽イオンにより中和されている。しかし，2 価の陽イオンでイオン交換したゼオライトは図 8-10 に示すように，OH 基を生成し酸性を示す。また，ルイス酸点も有し，加熱脱水することでブレンステッド酸点はルイス酸点に，水和させることでルイス酸点はブレンステッド酸点に戻る。

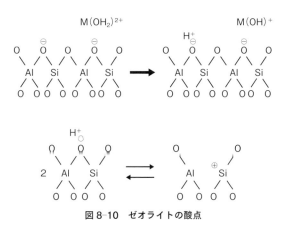

図 8-10　ゼオライトの酸点

（2） イオン交換体

イオン交換体とは，溶液中のイオンを取り込み，自らが保持するイオンを放出し，イオン種の入れ替えを行う材料である。代表的な無機材料のイオン交換体としてゼオライトが知られている。ゼオライトの項でも記述したが，ゼオライトは構造中に陽イオンを含んでいる。これらの陽イオンが，他のイオンと交換される。このとき，交換される陽イオンの種類により径が変化することから，イオン交換体としてだけでなく，吸着剤や触媒材料としても応用されている。また，層状複水酸化物 (LDH: layered double hydroxide) もイオン交換体として用いられる。LDH は，$[M^{2+}_{1-x}M^{3+}_{x}(OH)_2][A^{n-}_{x/n}\cdot yH_2O]$ で表される化合物の総称であり，$[M^{2+}_{1-x}M^{3+}_{x}(OH)_2]$ のホスト層と $[A^{n-}_{x/n}\cdot yH_2O]$ のゲスト層により構成される。ホスト層中の M は金属イオン（Mg^{2+}，Zn^{2+}，Al^{3+}，Fe^{3+} など）であり，酸素が 6 配位で結合している八面体構造を形成する。ゲスト層の A には，OH^-，CO_3^{2-} などの陰イオンが入る。金属イオンと陰イオンの種類によるが，陽イオン交換能および陰イオン交換能の両方を併せ持つ独特な特徴を有する。

イオン交換体は，様々なイオンに対してイオン交換能を有し，Cd^{2+} イオンや Cu^{2+} イオンなどのような重金属イオンの吸着除去が可能である。これらの重金属イオンが吸着したイオン交換体を焼成することにより，固着させて廃棄することで環境への流出を防ぐことができる。また，放射性廃棄物の処理も検討されており，ゼオライトが ^{137}Cs に対して良好なイオン交換能を発現することが報告されている。

（3） メソポーラス材料

IUPAC では，細孔直径が 2 nm まではミクロ孔，2〜50 nm はメソ孔，50 nm〜はマクロ孔と分類しており，ゼオライトはミクロ孔を有する多孔質材料としてよく知られている。高比表面積だけでなく，分子ふるい効果といった特徴を有する。これらの特徴は細孔径と形状に密接に関係しているため，細孔径の制御などに関する検討が活発に行われている。1990 年代には，界面活性剤が形成する分子集合体を鋳型としたメソポーラス材料の調製について報告された。この材料は高い比表面積を有するだけでなく，均一な細孔径分布，規則的な細孔構造を有する。通常は，カチオン界面活性剤が形成する分子集合体を鋳型として調製され，その細孔径は 2 nm 程度である。カチオン界面活性剤の疎水基の長さを変化させることで，簡便に細孔径を制御することが可能である。一方，ノニオン界面活性剤を用いた場合の細孔径は 10 nm 程度である。メソポーラス材料を構成するセラミックスには，シリカ（SiO_2），チタニア（TiO_2），ジルコニア（ZrO_2），アルミナ（Al_2O_3）などだけでなく，カー

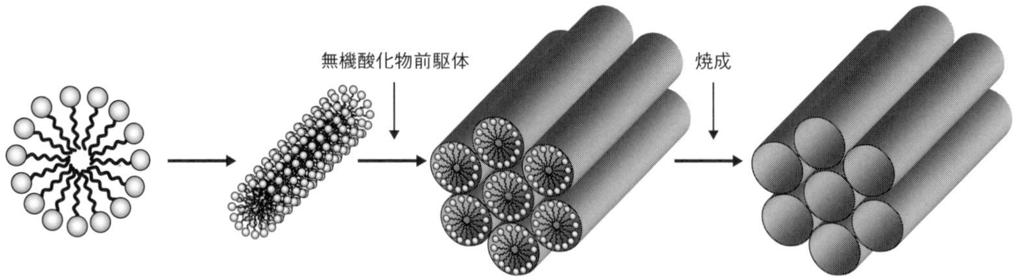

図8-11　メソポーラス材料の形成過程

ボンなどもある。吸着剤としての応用だけでなく，触媒担体としても応用されている。

Column　電池と材料

電池を分類すると下表のようになる。この中で重要なのは化学電池で，乾電池，アルカリ電池，鉛蓄電池，ニッケル水素電池，リチウムイオン電池などが実用的に使われている。時計やメモリーバックアップなどに酸化銀電池やリチウム電池などの1次電池が大量に使われている。一方，繰り返し充電して使うことができるものを2次電池という。従来，2次電池は自動車に使われる鉛蓄電池であっが，近年，ニッカド電池（NiCd）が登場し，ニッケル水素電池（NiMH），リチウムイオン電池（Li-ion）へと進化した。

名　称	負極	正極	電解質	電圧/V	用　途
1次電池（primary battery）					
マンガン乾電池	Zn	MnO_2, C	$ZnCl_2$	1.50 (1.60)*	家電，玩具等の単1から単5形電池
アルカリ乾電池	Zn	MnO_2, C	KOH, $ZnCl_2$	1.50 (1.60)*	家電，玩具等の単1から単5形電池
オキシライド乾電池	Zn	NiOOH, MnO_2, C	KOH	1.50 (1.70)*	家電，玩具等の単1から単5形電池
リチウム電池	Li	MnO_2	有機電解液	3.0	時計，電卓，小型電子ゲーム，各種メモリーバックアップ，電子体温計
フッ化黒鉛リチウム電池	Li	CF	有機電解液	3.0	電気，ガス，水道等の公共公益設備のメーター，火災報知器などの電源
空気亜鉛電池	Zn	空気 O_2	KOH	1.34〜1.40	補聴器，PHS
酸化銀電池	Zn	Ag_2O	KOH, NaOH	1.55	時計，補聴器，カメラ，電子体温計
2次電池（secondary battery または rechargeable battery）					
鉛蓄電池	Pb	PbO_2	希硫酸	2.0**	自動車
ニッケルカドミウム電池	Cd(OH)$_2$	NiOOH	KOHaq.	1.2**	ラジコンなどホビーの分野，電動工具用の蓄電池
ニッケル水素2次電池	水素吸蔵合金	NiOOH	KOHaq.	1.2**	デジタルカメラ，携帯音楽プレーヤー，ハイブリッドカー，パソコン
リチウムイオン2次電池	C	$LiCoO_2$	炭酸エチレン＋$LiPF_6$	3.0〜3.6**	携帯電話，デジタルオーディオプレーヤー
NAS電池	Na	S	β-Al_2O_3	約2.0**	非常用電源兼用システム，中規模の電力貯蔵

*初期電圧，**1セルあたり電圧

9

セラミックスの評価法

この多孔質β型リン酸三カルシウムは，スポンジ状のポリウレタンフオームを鋳型とし，それに原料をコーティングして1120℃で加熱焼結して得たものである。この方法では海綿骨を模した構造を作製できることが特徴である。

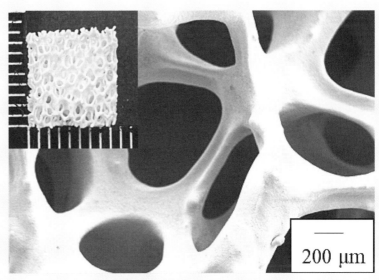

多孔質β型リン酸三カルシウムの SEM 写真

9.1 粒子径・粒度測定

　無機材料の固相合成では，原料の粒子径などは得られる生成物の強度などの物性に大きく影響する。そのため，原料粉末の粒子径や粒度分布のデータは重要となる。ここでは，現在，よく利用されている主な粒子径および粒度の測定法について述べる。

　ふるい分け法は比較的大きな粒子の粒子径および粒度分布測定に用いられる古典的な方法である。ふるいの目の細かさにより粒子は分類され，簡便な方法である。しかし，粒子径の小さい粉体の場合は，凝集による二次粒子径による分類などになることもあり，誤差が生じやすい。

　また，粒子径は，光学顕微鏡による直接測定，電子顕微鏡で得た像から見積もることも可能である。顕微鏡の分解能により測定できる粒子径は異なる。光学顕微鏡であれば～1 μm 程度，走査型電子顕微鏡であれば～数十 nm 程度，透過型電子顕微鏡であれば数 μm～数 nm の範囲の粒子を観察し，測定することができる。電子顕微鏡の原理などについては，9.3 に記述する。

　さらに光の散乱を利用して粒子径を測定することも可能である。粒子は溶媒中でブラウン運動をしている。小さい粒子のブラウン運動は速く，大きい粒子のそれは遅い。粒子にレーザーを照射したときに生じる散乱光の強度は，ブラウン運動によるゆらぎを持ち，小さい粒子のゆらぎは早く変化し，大きい粒子のそれはゆっくりと変化する。このゆらぎの変化を解析することで粒子径を算出することができる。

9.2 比重・密度測定

　密度は単位体積あたりの質量であり，重要なセラミックスの物性の1つである。たとえば，多孔体であれば，同じ体積でも密度は低くなる。密度と強度は密接に関係することから，強度を類推することもできる。ここでは，密度および比重の定義およびその測定方法について概説する。

　密度には，理想密度，真密度，かさ密度および見かけ密度がある（図9-1）。理想密度とは，ある組成を有する材料において，その結晶構造

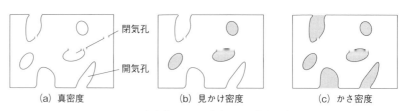

（a）真密度　　　　　　（b）見かけ密度　　　　　　（c）かさ密度

図 9-1　真密度，見かけ密度，かさ密度の違い

に含まれる全ての原子が存在している場合の密度のことであり，気孔，格子欠陥，不純物については考慮していない。

　真密度は，材料の格子欠陥，転移，不純物などを考慮した密度であるが，開気孔や閉気孔は含まない。ピクノメータを用いた測定などで求めることができる。

　かさ密度は，材料の開気孔と閉気孔の両方を考慮した密度である。直方体や円筒形に加工した試料の質量を体積で割ることで求めることができる。

　見かけ密度は開気孔を考慮せず，閉気孔のみを考慮した密度である。アルキメデス法により求めることができる。

9.3　電子顕微鏡

　セラミックスの粒子の形状や微細効能などを明らかにすることは，セラミックスの物性の理解に欠かすことのできない情報である。これらの情報を得るためには顕微鏡による観察が有効である。小学生の理科の実験など光学顕微鏡を用いた細胞の観察などを経験したことがある読者もいると思うが，光学顕微鏡では可視光を利用して観察している。一方，セラミックスの観察には電子顕微鏡が用いられるが，電子顕微鏡は光学顕微鏡の可視光が電子線に代わったものとみることができる。電子線は，可視光よりも波長の短い電磁波であるため，微細な構造を観察することを可能とする。また，図9-2に示すように電子線が材料に照射された際に発生する特性X線などを利用することで，材料を構成する元素に関する情報も得ることが可能である。

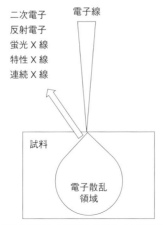

図9-2　電子線を照射した試料から発生する電子および電磁波

（1） 走査型電子顕微鏡（SEM）

SEM では，電子線を試料に照射することで発生する「二次電子」と「反射電子」が重要となる。数 eV 以下の低エネルギーを有する二次電子を用いて得られる像であり，10 nm 以内の試料表面の形状を反映した像である。また，観察する際の加速電圧を変化させることで，得られる像も変化する。低加速電圧で観察を行った場合は試料表面近傍の，高加速電圧の場合は，それよりも深い領域を反映した像が得られる。一方，反射電子は，原子により反射電子発生効率が変化し，原子番号が大きくなるにしたがい発生効率は大きくなる。この変化と反射電子の角度依存性などが反射電子像のコントラストとなる。

実際の観察では，カーボンテープなどを用いて試料台に試料を固定する。また，一般に，試料の表面は，物理蒸着法（PVD）の一種であるイオンスパッタリングで Au や Pt などでコーティングする。これは，電子線を照射して観察するときに試料がチャージアップすることを防ぐためだけでなく，金属で表面を被覆することで二次電子の発生効率を高めるためである。これらのことからもわかるように，電子顕微鏡で得られる像は，目視観察などによる像とは異なり，試料が有する電子に基づいたイメージであることに注意する必要がある。

（2） 透過型電子顕微鏡（TEM）

SEM では二次電子を利用して観察していたのに対し，TEM では試料

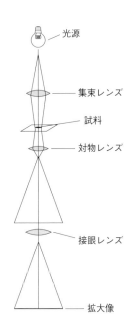

（a）光学顕微鏡

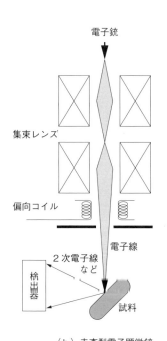

（b）走査型電子顕微鏡

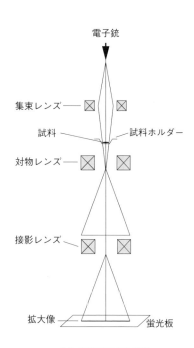

（c）透過型電子顕微鏡

図 9-3　顕微鏡の概略図

を透過した「透過電子」を利用して観察する。影絵が光を透過させることで作り出されるように、TEMでは電子線の透過している部分が明るく、遮られている部分が暗く観察される。そのため、TEM像において、無機酸化物は暗く観察されることとなり、試料の形状、粒子径および粒度分布などの情報を得ることができる。また、化合物によって電子線の透過に差が生じることから、Ptなどの貴金属を無機酸化物に担持させた試料を観察したときには、Ptなどの貴金属部分が暗くなり、無機酸化物部分が相対的に明るい像が観察される。このように、電子線の透過のしやすさがコントラストとなる。

　また、試料の結晶構造などの内部の情報を得ることも可能である。非晶質（アモルファス）な材料の制限視野電子線回折（SAED）像では、ハローが観測される。一方、結晶性の試料のでは、単結晶と多結晶に大別されるが、単結晶の場合は結晶格子に由来するネットパターンが、多結晶の場合はデバイシェラーリングが観測される。

9.4 X線回折

　無機材料の結晶中では原子は周期的に配列し、単位格子が繰り返し配置された集合体を形成する。X線回折（XRD: X-ray diffraction）では、回折現象を利用して、この周期構造を解析する方法である。X線は可視光や赤外光などと同じ電磁波の一種であり、0.5～10 Åの原子の大きさに近い波長を有している。X線が原子に衝突するとトムソン散乱（照射したX線と同じ波長かつ位相を有するX線を散乱する現象）を起こす。原子が周期的な構造を有している場合、原子から発生する散乱X線が

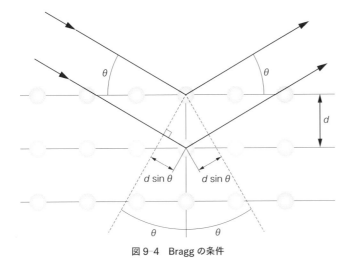

図9-4　Braggの条件

干渉し，強い回折 X 線を放出する。このように発生した周期的な構造に基づいた X 線の干渉を X 線回折という。X 線の回折条件は図 9-4 により説明される。X 線の波長を λ，結晶格子の面間隔を d(Å)，X 線の入射角と回折角を θ とする。それぞれの結晶面からの散乱 X 線は，隣接する結晶面からの散乱 X 線と，光路長の差分 $2 \times d \sin \theta$ が波長 λ の整数倍であるときにだけ位相が揃って，互いの散乱 X 線が強め合うこととなる。これをブラッグの条件（Bragg's law）といい，以下の関係式で表される。また，この条件は，$\lambda \leqq 2d$ を満たさなければ回折現象が起こらないことも示している。

$$2d \sin \theta = n\lambda \, (n=1, 2, 3, \cdots) \tag{9-1}$$

図 9-5 に得られる X 線回折パターンの例として，酸化亜鉛（ZnO）の粉末 X 線回折パターンを示す。X 線回折パターンから化合物を同定するにはハナワルト（Hanawalt）法が用いられる。この方法では，回

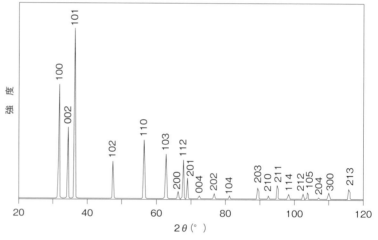

図 9-5　酸化亜鉛（ZnO）の XRD パターン

折パターンの回折強度の高い三本の回折ピークを用いて，ある程度まで化合物を絞り込む。その後，ICDD カードデータと照合することで化合物を同定する。

粒子は階層構造からなり，結晶子，一次粒子，二次粒子により構成される。図 9-6 にこの階層構造のモデルを示す。一次粒子が凝集することにより二次粒子は形成される。一方，結晶子は一次粒子を構成する最小単位であり，単結晶とみなすことができる。結晶子のサイズと X 線回折パターンの回折ピークの関係は（9-2）式のようになる。

$$D = \frac{\mathit{K}\lambda}{\beta \cos \theta} \tag{9-2}$$

D は結晶子のサイズ，β は形状因子である。ピークの半値幅を B とし，結晶子のサイズが 100〜200 nm より大きい標準試料のその回折角にお

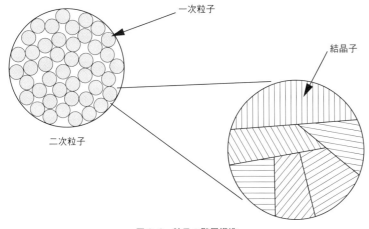

一次粒子

結晶子

二次粒子

図 9-6　粒子の階層構造

ける半値幅を b としたとき，β は以下の式で求められる。

$$\beta^2 = B^2 - b^2 \tag{9-3}$$

回折ピークの半値幅と結晶子サイズの関係について示した式をシェラー (Scherrer) の式といい，おおよその結晶子のサイズを求めることができる。ここで，K はシェラー定数といい，一般に 0.9 である。このとき，算出される結晶子のサイズは，その回折ピークのミラー指数に対して垂直方向のサイズであることに留意する必要がある。

9.5　表面分析

固体に電子線が照射されると，そのエネルギーの大部分は熱に変換されるが，残りのエネルギーは図 9-2 に示すように様々な現象が起こる。このとき生じる二次電子や反射電子を利用することで走査型電子顕微鏡ではイメージを得ている。その他に，連続 X 線と特性 X 線も発生する。図 9-7 にこれらの発生メカニズムを示す。入射電子が原子核により減速される際に放出される X 線が連続 X 線である。一方，入射電子が内殻電子を励起させ放出させることで，内殻に空孔が生じる。この生成した空孔を，外殻の電子が移動し埋める。このとき，外殻の電子が放出する余分なエネルギーが特性 X 線として放出される。この特性 X 線は，X 線回折測定にも使用される。ここで特性 X 線のエネルギー（特性 X 線の波長）と原子番号の間には Moseley の法則の関係が成立する。

$$\sqrt{\nu} = K(Z - s) \tag{9-4}$$

ν は特性 X 線の波長，Z は原子番号，K および s はスペクトル線の種類に関係する定数である。この関係から，特性 X 線の波長は原子により異なることがわかる。これは，特性 X 線を検出することにより，元素

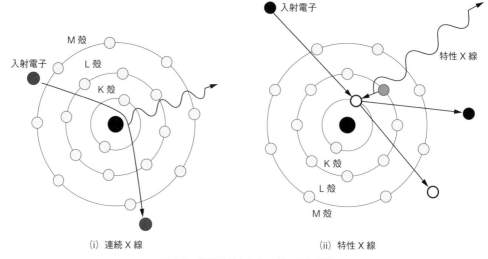

(i) 連続 X 線 (ii) 特性 X 線

図 9-7 連続 X 線と特性 X 線の発生機構

分析が行えることを示している。この電子線を照射することで生成する特性 X 線を用いた表面解析を電子線プローブマイクロアナリシス（EPMA: electron probe micro analysis）という。EPMA は，二次電子や反射電子も同時に発生していることから，SEM 観察も同時に行うことができ，表面の形状と元素分布を対応させた情報を得ることができる。

電子線を用いた表面分析の方法には，オージェ電子分光法（AES: auger electron spectroscopy）もある。電子線を試料に照射することで，特性 X 線と同様に内殻（K 殻）の電子が放出され，外殻（L 殻）の電子が内殻に移動する。このとき，放出される余分なエネルギーが L 殻の電子に与えられることでオージェ電子として放出されることとなる。オージェ電子のエネルギーも原子固有であることから，そのエネルギーを測定することで元素分析を行うことができる。

X 線光電子分光法（XPS: X-ray photoelectron spectroscopy）は，X 線を試料に照射することで発生する光電子（光電効果）のエネルギーを測定することで元素分析を行う方法である。結合エネルギーは元素に固有であることから元素の同定ができるだけでなく，その元素の存在する化学的環境の違いにより結合エネルギーが変化するため，その化学状態についての情報を得ることもできる。また，そのスペクトルの強度から試料中の原子の存在量に関する定量的な情報を得ることも可能である。

X 線を試料に照射することで元素分析を行う方法に，蛍光 X 線分析法（XRF: X-ray fluorescence analysis）もある。X 線が照射されることで，その X 線のエネルギーよりも小さい結合エネルギーを有する電子が放出されることで空孔が内殻に生じる。その空孔に外殻の電子が遷移

し，その軌道間のエネルギー差に等しい蛍光X線を発生する。そのエ
ネルギーも物質固有であることから元素分析が行える。さらに，強度か
ら定量分析も行うことができる。

9.6 熱測定

試料の温度を変化させると，融解や転移など様々な変化が起こる。こ
の変化に伴い，発熱変化や吸熱変化が生じる。示差熱分析（DTA: dif-
ferential thermal analysis）は，この熱変化を試料に熱を加えながら測定
する。正確には図9-8に示すように基準物質にも熱を加え，基準物質
と試料との間の温度差を検出している。一般的に，基準物質にはα-ア
ルミナが使用される。炉内の温度を一定速度で昇温させるため，炉内温

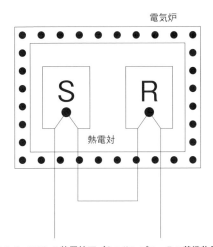

図9-8　DTAの装置校正（S：サンプル　R：基準物質）

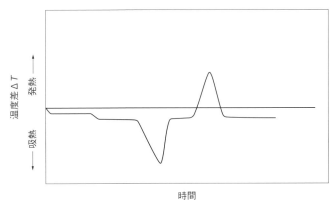

図9-9　温度差の時間変化

TG-DTA 曲線モデルと加熱変化

TG 曲線	DTA 曲線	加熱変化
減量	吸熱	脱水・分解・還元・昇華・蒸発
	発熱	燃焼
増量	発熱	酸化
変化なし	吸熱	転移
	発熱	結晶化
	ベースラインシフト	ガラス転移点

TG曲線の減量/増量とDTA曲線の吸熱/発熱反応などの組み合わせによるTG-DTA曲線モデルによって固体試料にどのような加熱変化が起こっているかを調べることができる。

度は時間に対して直線的に上昇することとなる。試料温度（T_s）と基準物質温度（T_r）との間の温度差（$\triangle T = T_s - T_r$）を検出しているため，DTA 曲線は図 9-9 に示すように $\triangle T$ と時間との関係で示される。吸熱変化は基線よりも下側に，発熱変化は基線よりも上側に凸のピークとなる。吸熱変化や発熱変化の原因には，脱水，融解，分解，結晶転移，結晶化および固相反応などが考えられ，ピーク面積から発熱量および吸熱量を求めることができる。しかし，熱量を求める場合は，示差走査熱量計（DSC: differential scanning calorimetry）が用いられる。DTA も DSC も現在では，熱重量分析（TG）と同時に行える仕様の装置が普及しており，熱量変化と重量変化を同時に測定することが可能である。

9.7 ガス吸着測定

　ガス吸着測定は，気体の固体表面における吸着を利用して，固体と気体間の相互作用，表面積や細孔径分布などを得ることができるため，固体の物性を明らかにするうえで重要な測定である。ここでは，得られる情報について概説する。

　固体の表面への気体の吸着では，固体と気体の相互作用は異なる。そのため，様々な吸着等温線が観測される。これらの等温線は図 9-10 に示すように，六種類に分類されている。それぞれの等温線は以下のように説明される。

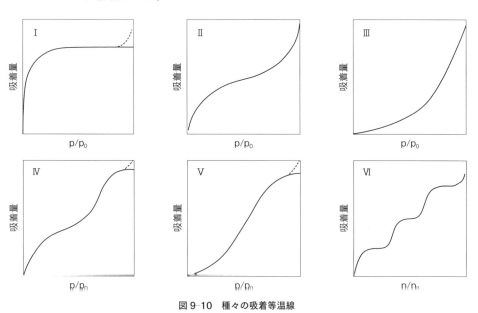

図 9-10　種々の吸着等温線

（1）Ⅰ型の等温線

　この型は単分子層吸着の際に観測されることが多く，Langmuir 型ともいわれる。また，ゼオライトのようにミクロ孔を有し，細孔内部の表面積が外部の表面積よりも圧倒的に大きい場合にも観測される。低圧部の急な吸着量の増加はミクロ孔内への吸着に，平らな部分は外部への吸着に起因する。飽和蒸気圧近傍では，粒子間の隙間などのマクロ孔への吸着が起こることがあり，吸着量の増加が観測されることもある。

（2）Ⅱ型の等温線

　この型は非多孔性の固体表面で多分子層吸着が起こる場合に観測され，固体と吸着質間の相互作用が吸着質間の相互作用よりも大きい場合に見られる。低圧部の急な吸着量の増加で単分子層吸着がほぼ完成し，なだらかな部分あたりでは第2層目以上の吸着層が形成される。

（3）Ⅲ型の等温線

　Ⅱ型と同様で非多孔性の固体表面の吸着でみられるが，Ⅱ型とは異なり，吸着質間の相互作用の方が大きいときに観測される。そのため，低圧部の吸着量は少なく，高圧部で増加する。

（4）Ⅳ型の等温線

　Ⅱ型と同様の相互作用を示し，メソ孔，マクロ孔を有する固体への吸着で観測される。低非多孔性の固体とは異なり，高圧部で吸着質の毛細管凝縮により吸着量が増加する。この部分では，吸着曲線と脱着曲線は一致せず，ヒステリシスがみられる。また，飽和蒸気圧近傍で平らになることが多いが，これは外部にのみ吸着するようになるためである。

（5）Ⅴ型の等温線

　Ⅲ型と同様の相互作用を示す多孔質固体で観測される。

（6）Ⅵ型の等温線

　物理的，化学的に均一な表面を有する非多孔性の固体に，無極性の吸着質が吸着するときに観測される。

　また，ヒステリシスは，図9-11に示すように四種類に分類される。タイプAは両端の開いたシリンダー状，タイプBはスリット形細孔と平行平板間の隙間，タイプCは両端が開いたくさび形細孔，タイプDは細孔の入り口が狭いボトルネック形細孔が存在するときに認められる。

　物理吸着は，固体表面への多分子層吸着であり，化学吸着に比べて吸着熱は小さい。そのため，表面上への凝縮相の生成として取り扱うことができる。Brunauer, Emmett, Teller は Langmuir 単分子層吸着理論をⅡ型の等温線を示す多分子層吸着に拡張し，古典統計論的に多分子層吸着理論を出した。次式で表され，吸着質の沸点付近の吸着に適用される。

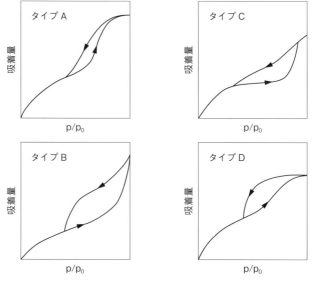

図 9-11 種々の吸脱着等温線

$$V = \frac{C \cdot V_\mathrm{m} \cdot x}{(1-x)(1-x+Cx)} \tag{9-5}$$

ここで，V_m は固体表面を完全に覆うのに必要な吸着量，x は相対圧 (P/P_o)，C は定数である。この BET 吸着等温式は，相対圧が小さいとき $(P \ll P_o)$ は次のようになる。

$$V = \frac{C \cdot V_\mathrm{m} \cdot P}{(P_o + CP)} \tag{9-6}$$

これは Langmuir 式と同じ形であり，低圧部で単分子吸着が起こっていることがわかる。

9.8 赤外吸収スペクトル測定

　分子の振動状態は，可視領域よりも長波長側の赤外領域の電磁波を吸収することにより励起される。この赤外領域における吸収は分子の化学構造により異なるため，吸収された赤外光を測定することで化学構造などの情報を得ることができる。赤外吸収スペクトル（IR スペクトル）は波長（λ）に対する吸光度，または，透過率により示すことができるが，波長の逆数である波数 $\tilde{\nu}$（単位は cm^{-1}）を用いることが多い。波数と波長には次式の関係がある。

$$\tilde{\nu} = \frac{1}{\lambda} \tag{9-7}$$

また，次式が成立する。

$$\triangle E = h\nu = \frac{hc}{\lambda} = hc\tilde{\nu} \qquad (9\text{--}8)$$

ここで，h は Planck 定数，c は光速度，$\tilde{\nu}$ は振動数である。この式から，振動エネルギー $\triangle E$ に波数が比例することがわかる。

　ここで，IR スペクトルの振動について考える。2 原子分子の振動は図 9–12 のように示される。分子は，重さ m_1 と m_2 を有する原子が，ばねにより結合していると見ることができる。ばねが伸びたときに復元力 F が生じる。この復元力は Hooke の法則にしたがい，伸びた距離に一次に比例する。

$$F = -k\triangle r \qquad (9\text{--}9)$$

ここで，$\triangle r$ はばねの伸びた距離（$\triangle r = r_1 + r_2$），k はばね定数である。この式から以下の関係が得られる。

$$\nu = \frac{1}{2\pi}\sqrt{\frac{k}{\mu}} \qquad (9\text{--}10)$$

μ は換算質量（$\mu = m_1 \cdot m_2 / (m_1 + m_2)$）である。この式から，Hooke の法則におけるばね定数は，分子では原子間の結合の強さを反映していることがわかる。たとえば，炭素–炭素結合の強さは三重結合＞二重結合＞単結合であり，観測される波数はこの順に大きくなる。また，換算質量が大きくなると波数は小さくなることもわかる。

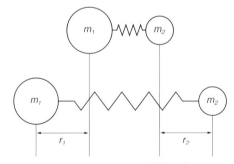

図 9-12　2 原子分子の力学的モデル

　2 原子分子場合は結合軸上の伸縮振動のみを考えればよいが，多原子分子の場合は複雑になる。図 9–13 に水酸アパタイト（$Ca_{10}(PO_4)_6(OH)_2$）の赤外吸収スペクトルを示す。OH 基の 2 原子分子の伸縮振動に起因する吸収が 3570 および 631 cm^{-1} 近傍に観測される。一方，5 原子分子の多原子分子である PO$_4$ 基に帰属される吸収は，ν_1 から ν_4 までがそれぞれ認められる。これは図 9–14 に示すように PO$_4$ 基が四面体構造を形成しており，その基準振動に，対称伸縮振動（ν_1），変角振動（ν_2），逆対称伸縮振動（ν_3）および逆変角振動（ν_4）の 4 種類が存在するためである。

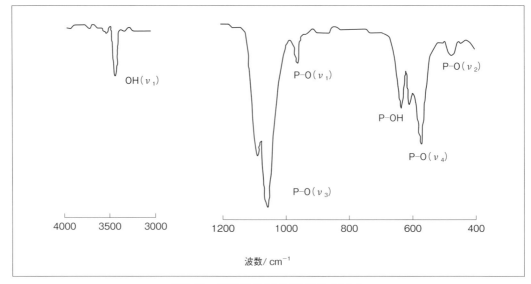

図 9-13 水酸アパタイトの FT-IR スペクトル

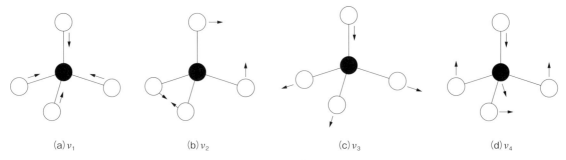

(a) ν_1 (b) ν_2 (c) ν_3 (d) ν_4

図 9-14 PO$_4$ の基準振動

参考図書

守吉佑介，門間英毅編，『無機材料必須 300』，三共出版（2008）．

（社）日本セラミックス協会編，『これだけは知っておきたいファインセラミックスのすべて（第 2 版）』，日刊工業新聞社（2005）．

（社）日本セラミックス協会編，『初めて学ぶセラミック化学』，技報堂出版（2003）．

山下仁大・片山恵一・大倉利典・橋本和明，『工学ための無機化学』，サイエンス社（2002）．

片山恵一・大倉利典・橋本和明・山下仁大，『工学ための無機材料科学』，サイエンス社（2006）．

荒井康夫，『セラミックスの材料化学（改訂第 3 版）』，大日本図書（1985）．

荒井康夫，『粉体の材料化学』，培風館（1995）．

宮本武明監修，『学生のための初めて学ぶ基礎材料学』，日刊工業新聞社（2003）．

小薗勉，岡田正弘，『ヴィジュアルでわかるバイオマテリアル』，秀潤社（2006）．

高分子学会編集（岩田博夫），『バイオマテリアル』，共立出版（2005）．

索　引

著者紹介

橋本　和明（はしもと　かずあき）
　1993 年　千葉工業大学大学院工学研究科博士後期課程修了
　　　　　　博士（工学）
　現　職　千葉工業大学教授
　専　門　セラミックス材料化学　バイオセラミックス
　　　　　　第 1 章，第 2 章，第 3 章，第 6 章，第 7 章　執筆

柴田　裕史（しばた　ひろぶみ）
　2006 年　東京理科大学大学院理工学研究科工業化学専攻博士後期課程修了
　　　　　　博士（工学）
　現　職　千葉工業大学教授
　専　門　界面化学　光触媒材料
　　　　　　第 4 章，第 5 章，第 8 章，第 9 章　執筆

セラミックス材料科学

2023 年 4 月 1 日　　初版第 1 刷発行

　　　　　　　　　　　　　　　　© 著　者　橋　本　和　明
　　　　　　　　　　　　　　　　　　　　　柴　田　裕　史
　　　　　　　　　　　　　　　　発行者　秀　島　　　功
　　　　　　　　　　　　　　　　印刷者　江　曽　政　英

発行所　三 共 出 版 株 式 会 社　　郵便番号 101-0051
　　　　　　　　　　　　　　　　東京都千代田区神田神保町 3 の 2
　　　　　　　　　　　　　　　　振替 00110-9-1065
　　　　　　　　　　　　　　　　電話 03-3264-5711　　FAX 03-3265-5149
　　　　　　　　　　　　　　　　https://www.sankyoshuppan.co.jp/

　　　　　一般社団法人日本書籍出版協会・一般社団法人自然科学書協会・工学書協会　会員

Printed in Japan　　　　　　　　　　　　　　印刷・製本　理想社

ISBN 978-4-7827-0822-4